通信システム工学

博士(工学) 鈴木 利則 著

コロナ社

まえがき

　1970年代に流行した特撮テレビ番組『ウルトラマン』シリーズに登場する警備隊員は，腕時計型電話機で仲間たちと連絡を取り合っていた。ビデオシーバーというその電話機は，当時の技術では到底実現できない夢のアイテムだった。当時は固定電話でさえ珍しく，電話のない家も多かった。ウルトラマンを映し出すテレビにはリモコンもない。テレビの前に行き，電源を入れ，チャネルを変え，音量を調整するのが当たり前だった。
　あの頃から50年近く，通信技術は周辺の技術を巻き込みながら劇的に進歩し続け，今や情報通信革命ともいわれる急激な社会変化の一翼を担っている。もはやわれわれは通信システムの中で生きているといっても過言ではない。それを支え発展させる技術者や研究者は，これからも必要とされ続けることは明白である。通信機能はさまざまなものに備わり，システムは社会により深く関わっていくだろう。

　本書は通信システムの働きや原理を理解するために書かれたものであり，基礎となる伝送交換技術とシステムに関する内容を含んでいる。無線従事者の資格試験を念頭に置いたため，無線系技術の比重が大きいと思われるかもしれない。システムに関する内容は全体の動作がわかるような説明を心掛けた。通信の基礎理論は，内容を正確に理解してもらうため大学2年程度の応用数学を前提にした数式を用いているが，数式が完全に理解できなくても概略がつかめるように図を多用した。
　1章では，通信に対する関心を少しでも広げてもらうため，その前半で電気通信が社会で果たしてきた役割のごく一部を紹介している。この部分（1.1節）は読み物的になっており，読み飛ばしてもかまわない。2章から5章まで

は信号伝送の基礎理論と基本方式に関する内容である．これらは，信号の中継と交換に関する6，7章と合わせて，通信システムを構成する根幹の技術といえよう．9章では主に陸上移動通信における無線伝送路を取り上げ，主要な事項を説明している．8章では固定電話に代表される固定通信システムを，10章では携帯電話システムを取り上げ，ネットワーク技術に属する事項も含めて説明をしている．11章では衛星通信に必要とされる基本事項やいくつかのシステムを，12章では無線による測位システムやその原理を取り上げている．

　本書を推敲するにあたり，日本大学工学部　石川博康　教授，東北学院大学工学部　神永正博　教授，東北工業大学工学部　工藤栄亮　教授に貴重なコメントを頂戴した．ここに感謝の意を表したい．

　本書が，情報通信技術の若き担い手の一助になれば幸いである．

2016年11月

鈴木　利則

目　　　次

1.　緒　　　論

1.1　電気通信の黎明期 ……………………………………………… *1*
  1.1.1　電気通信以前 ………………………………………………… *1*
  1.1.2　有線による電気通信 ………………………………………… *2*
  1.1.3　無線による電気通信 ………………………………………… *3*
1.2　電気通信の進展 ………………………………………………… *4*
  1.2.1　有線と無線の住み分け ……………………………………… *4*
  1.2.2　情報形態と通信モデル ……………………………………… *5*
  1.2.3　伝送と交換 …………………………………………………… *6*
  1.2.4　通信対象の拡大 ……………………………………………… *7*
  1.2.5　通信の形態 …………………………………………………… *8*
1.3　システムの信頼性 ……………………………………………… *8*
  1.3.1　信頼度指標 …………………………………………………… *8*
  1.3.2　接続形態と全体の信頼度 …………………………………… *9*
章　末　問　題 ……………………………………………………… *10*

2.　フーリエ変換とスペクトル

2.1　フーリエ変換とスペクトルの関係 …………………………… *11*
2.2　信号の周期性 …………………………………………………… *12*
2.3　周期性信号のスペクトル ─ フーリエ級数展開 ─ ………… *13*
2.4　非周期信号のスペクトル ─ フーリエ変換 ─ ……………… *15*

2.5 フーリエ変換の性質 …… 17
2.5.1 周波数シフト …… 17
2.5.2 時間シフト …… 17
2.5.3 時間微分と時間積分 …… 18
2.5.4 インパルス …… 18
2.5.5 時間波形の畳込み …… 19
2.5.6 デルタ関数を用いた周期性信号のフーリエ変換 …… 20
2.5.7 非周期信号の電力スペクトル密度 …… 21
章末問題 …… 22

3. 不規則信号と雑音

3.1 確率分布と統計量 …… 23
3.2 相関関数 …… 26
3.3 熱雑音の特性 …… 28
3.3.1 雑音の種類 …… 28
3.3.2 熱雑音 …… 28
3.4 雑音指数 …… 30
3.4.1 縦続接続 …… 31
3.4.2 等価雑音温度 …… 32
3.5 大きさの対数表現（デシベル） …… 33
3.5.1 相対表現 …… 33
3.5.2 絶対表現 …… 34
3.5.3 レベルダイアグラム …… 35
章末問題 …… 36

4. アナログ変復調

4.1 変復調の役割と種類 …… 37
4.2 振幅変調 …… 38

4.3 周波数変調（FM） ……………………………………………………… 40
4.4 位相変調（PM） ………………………………………………………… 43
4.5 AM 検　　波 …………………………………………………………… 43
 4.5.1 包絡線検波 ……………………………………………………… 44
 4.5.2 二 乗 検 波 ……………………………………………………… 44
 4.5.3 同 期 検 波 ……………………………………………………… 45
4.6 FM 検　　波 …………………………………………………………… 46
4.7 AM 検波と FM 検波の品質 …………………………………………… 48
 4.7.1 AM 検波の品質 ………………………………………………… 48
 4.7.2 FM 検波の品質 ………………………………………………… 49
 4.7.3 プリエンファシスとディエンファシス ……………………… 52
章 末 問 題 ……………………………………………………………………… 52

5. ディジタル変復調

5.1 アナログとディジタルの形式上の違い ……………………………… 53
5.2 アナログ-ディジタル変換 ……………………………………………… 54
 5.2.1 標本化定理（サンプリング定理） …………………………… 55
 5.2.2 量 子 化 雑 音 …………………………………………………… 55
 5.2.3 標本化された信号からの復元 ………………………………… 56
5.3 ベースバンド伝送 ……………………………………………………… 57
5.4 ディジタル変調方式 …………………………………………………… 59
 5.4.1 ASK, FSK, PSK, APSK/QAM ……………………………… 59
 5.4.2 CPFSK, MSK ………………………………………………… 60
 5.4.3 信 号 点 配 置 …………………………………………………… 61
 5.4.4 多 値 変 調 ……………………………………………………… 62
 5.4.5 ディジタル変調の等価表現 …………………………………… 63
 5.4.6 帯域制限フィルタと占有帯域幅 ……………………………… 64
5.5 ディジタル変調波の検波 ……………………………………………… 66
 5.5.1 同 期 検 波 ……………………………………………………… 66

5.5.2 ルートナイキストフィルタ……………………………………………68
5.5.3 差動符号化と遅延検波………………………………………………69
5.6 誤り率特性………………………………………………………………70
5.7 スペクトル拡散…………………………………………………………72
5.7.1 周波数ホッピング（FH）……………………………………………73
5.7.2 直接拡散（DS）………………………………………………………74
章末問題………………………………………………………………………75

6. 多重伝送とアクセス方式

6.1 全二重複信方式…………………………………………………………77
6.2 多重化と多元接続………………………………………………………78
6.3 多重化方式………………………………………………………………79
6.3.1 周波数分割多重（FDM）……………………………………………79
6.3.2 時分割多重（TDM）…………………………………………………80
6.3.3 符号分割多重（CDM）………………………………………………82
6.3.4 直交周波数分割多重（OFDM）……………………………………83
6.3.5 高速伝送方式としてのOFDM………………………………………87
6.4 多元接続方式……………………………………………………………88
6.4.1 FDMA…………………………………………………………………88
6.4.2 TDMA…………………………………………………………………88
6.4.3 CDMA…………………………………………………………………89
6.4.4 OFDMA………………………………………………………………90
6.4.5 CSMA…………………………………………………………………91
章末問題………………………………………………………………………92

7. 交換方式とトラヒック理論の基礎

7.1 交換方式…………………………………………………………………93
7.1.1 回線交換方式…………………………………………………………93

7.1.2 パケット交換方式 …………………………………………………… 95
7.2 ネットワーク構成とルーチング ………………………………………… 96
7.3 回線交換の呼量と呼損率 ………………………………………………… 98
7.4 パケット交換の待ち時間 ………………………………………………… 101
章 末 問 題 ………………………………………………………………… 104

8. 固定電話網

8.1 固定通信サービスの変遷 ………………………………………………… 105
    8.1.1 電話網の完成 ……………………………………………………… 106
    8.1.2 データ通信網の登場 ……………………………………………… 106
    8.1.3 統合ディジタル網と ATM ……………………………………… 106
    8.1.4 インターネットの登場 …………………………………………… 109
8.2 固定電話網の構成 ………………………………………………………… 109
    8.2.1 電 話 局 …………………………………………………………… 110
    8.2.2 冗 長 構 成 ………………………………………………………… 110
    8.2.3 ネットワークの物理構成 ………………………………………… 111
    8.2.4 加入者回線の物理構成 …………………………………………… 111
8.3 番 号 計 画 ………………………………………………………………… 113
8.4 共 通 線 信 号 網 …………………………………………………………… 113
    8.4.1 共通線信号プロトコル …………………………………………… 114
    8.4.2 発着信時の動作例 ………………………………………………… 115
章 末 問 題 ………………………………………………………………… 118

9. 電波伝搬とダイバシチ技術

9.1 自由空間伝搬 ……………………………………………………………… 119
9.2 陸上移動伝送路 …………………………………………………………… 120
    9.2.1 見通し（LOS）と見通し外（NLOS） ………………………… 120

9.2.2	NLOS 環境における受信強度の変動	120
9.2.3	距離減衰	121
9.2.4	シャドイング減衰	121
9.2.5	マルチパス伝送路と瞬時変動	122
9.2.6	ドップラー広がり	123
9.2.7	遅延プロファイルと遅延スプレッド	123
9.2.8	マルチパス歪み	124

9.3　ダイバシチ技術 ……………………………………… 126
　9.3.1　空間ダイバシチ ……………………………………… 126
　9.3.2　瞬時受信電力の改善 ………………………………… 128
　9.3.3　パスダイバシチ（Rake 受信） …………………… 129
　9.3.4　Rake 受信とソフトハンドオフ …………………… 131
　9.3.5　OFDM によるマルチパス歪み対策 ……………… 131
　9.3.6　OFDM による周波数ダイバシチ ………………… 133

章末問題 ……………………………………………………… 134

10．携帯電話システム（セルラシステム）

10.1　携帯電話システムの変遷 ……………………………… 135
10.2　携帯電話網の基本構成 ………………………………… 136
10.3　無線チャネルの基本構成 ……………………………… 137
10.4　位置登録 ………………………………………………… 138
10.5　発着信処理 ……………………………………………… 139
10.6　ハンドオフ ……………………………………………… 141
　10.6.1　集中制御型と端末アシスト型 …………………… 141
　10.6.2　ハードハンドオフとソフトハンドオフ ………… 142
10.7　加入者認証と通信秘匿 ………………………………… 143
10.8　パケット網構成 ………………………………………… 144
　10.8.1　端末発信の動作 …………………………………… 145
　10.8.2　メール着信の動作 ………………………………… 145

10.8.3　ハンドオフ時の動作 …………………………………… 146
　10.9　セル設計の基本 ……………………………………………… 147
　　　10.9.1　セ ル 配 置 …………………………………………… 147
　　　10.9.2　セルへの周波数割当て ……………………………… 148
　　　10.9.3　高度な周波数割当て ………………………………… 149
　　　10.9.4　セ ク タ 化 …………………………………………… 150
　章 末 問 題 …………………………………………………………… 150

11．衛　星　通　信

　11.1　衛星通信の特徴 ……………………………………………… 151
　11.2　通信衛星の軌道 ……………………………………………… 151
　11.3　衛星通信に用いる周波数帯（電波の窓）…………………… 152
　11.4　衛星回線の設計（リンクバジェット）…………………… 154
　11.5　通信衛星の構成 ……………………………………………… 156
　11.6　姿　勢　制　御 ……………………………………………… 158
　11.7　衛星通信システムの例 ……………………………………… 159
　　　11.7.1　インテルサット衛星通信 …………………………… 159
　　　11.7.2　インマルサット衛星通信 …………………………… 159
　　　11.7.3　イリジウム衛星通信 ………………………………… 160
　　　11.7.4　ワイドスター ………………………………………… 161
　　　11.7.5　IPSTAR ……………………………………………… 161
　章 末 問 題 …………………………………………………………… 162

12．測位・航法支援システム

　12.1　天測航法から電波航法へ …………………………………… 163
　12.2　双 曲 線 航 法 ……………………………………………… 163
　12.3　VOR, DME, TACAN ………………………………………… 165

12.4 ILS……………………………………………………………… 168
12.5 衛 星 航 法……………………………………………………… 170
12.6 その他の測位システム………………………………………… 174
　　12.6.1 GPSハイブリッド測位………………………………… 174
　　12.6.2 Wi-Fi測位システム…………………………………… 175
章 末 問 題………………………………………………………………… 176

参 考 文 献……………………………………………………… 177
章末問題解答……………………………………………………… 179
索　　　　引……………………………………………………… 186

1

緒　　論

1.1　電気通信の黎明期

　通信すなわち「信を通わす」という行為は，人間が営みを続けるうえで欠かせないものである。「通信」の英語訳は"communication"。離ればなれでいてもコミュニケーションしたいのは，人間の根源的な欲求ではないだろうか。遠くにいながらのコミュニケーション，すなわちテレコミュニケーション（telecommunication）の起源は太古の昔に遡る。

1.1.1　電気通信以前

　手紙のような物理媒体を直接運搬する形態ではなく，情報を遠くに伝える方法として，望遠鏡が発明される前（1608年以前）は，敵の侵入や戦の合図を伝える法螺貝，太鼓などの音や，狼煙のような目で判別できるものが主なテレコミュニケーションの手段であった。

　望遠鏡の発明は，目視による情報の伝達距離を飛躍的に向上させた。フランスでは望遠鏡を利用した**腕木通信**が発達し，その後，当時の先進国に広まった。腕木通信とは3本の棒（腕木）を連結し，その曲げ方で文字を表して遠隔に伝える方法である。**図 1.1**のような通信塔を見通しのある伝達経路上に設置し，望遠鏡で腕木の形状を読み取り，それを伝えていく腕木通信網が1797年頃から整備された。そのルート

図 1.1　腕木通信

は1819年には550 km，1846年には4 000 km程度に達した。

一方，日本では独自の**旗振り通信**があった。これは手旗の振り方で大坂[†1]の米相場を伝えるもので，1743年頃から使われていた。大坂から江戸までは，途中の飛脚による中継を挟み約2時間で情報が伝えられたといわれている。

1.1.2　有線による電気通信

1820年，それまで別物で無関係と思われていた電気と磁気が相互に作用することをデンマークのエルステッドが発表した。彼は偶然，電気から磁力が発生することを発見したのである。この発見が当時の研究者を大いに刺激し，同年中にアンペールの法則とビオ・サバールの法則が発表された。1832年，ロシアのシリングはこれを応用して電信機を発明する。6個の磁針の向きを遠隔から変えて英数字を伝達するもので，8本の電線が必要であった。1836年に5 kmの伝送に成功したと伝えられている。1836年にモールスが発明したリレーと電信機は，長距離通信に適したものであった。必要な電線は2本で済み，電気エネルギーの消耗を補う仕組みも揃ったからである。モールス式電信機には，同時期に発明されたモールス符号が用いられた。これはスイッチをオンにする時間の長短（ダッシュ・ドットまたはツー・トンと称される）の組合せで文字を表すものである。モールス式電信機により1844年，米国のワシントンとボルチモア間の130 kmで電信サービスが始まった。最初の電文が"What hath God wrought"[†2]であるのは，当時の関係者の心境からであろう。

電信線は1851年に英仏海峡を，1866年に大西洋を横断し，1871年にはシベリアを横断して欧州と極東を結ぶ国際電信網を形成していった。同年，日本は長崎–上海と長崎–ウラジオストック間で国際電信網に接続された。このケーブル敷設は，デンマークの大北電信会社が明治政府から陸揚げ権を取得して行ったものである。長崎–東京間が開通するのは1873年であった。

[†1]　江戸時代は「大坂」と表記された。明治時代に「大阪」になった。
[†2]　「神が造り給いしもの」（旧約聖書「民数記」23章23節）。"hath"は"has"の古詩的表現，"wrought"は"work"の過去分詞。

このように電気通信は電信という情報の形式を主役として急速に進んでいくのだが、モールス符号を介する煩わしさがあった。音声をそのまま伝える電話機は 1876 年，米国のベルによって発明された。ほぼ同時にグレーも考案しているが，2 時間違いでベルに特許権が与えられた。当時の激しい技術競争の一端が垣間見える。1877 年，ベル電話会社（現 AT&T 社）が設立され電話サービスが開始された。カナダと米国の国番号（→ 8.3 節）が同じ "＋1" である理由はこの時代に遡る。カナダの電話事業もベル電話会社が行っていたからである。このように，電話の発明を契機に電気通信の民間利用が進んでいった。

1.1.3 無線による電気通信

英国のマクスウェルは，1864 年，当時知られていた電場と磁場に関する法則を統一して記述した方程式（後に整理されて**マクスウェルの方程式**と呼ばれる）から電磁波の存在を予言した。電磁波の存在を実証したのはドイツのヘルツで，1888 年のことである。しかしこの実験装置は受信側の感度が悪く，そのまま通信に使えるものではなかった。これを改良したのは英国のロッジで，1894 年，彼はその 4 年前に発見されていたコヒーラ現象[†]を応用し新たな検波器を発明した。1895 年，ロシアのポポフが約 0.5 km の無線通信に成功し，その後に海軍で実用に供された。本格的な無線通信の普及はマルコーニ（イタリア）に負うところが大きい。1897 年，彼は英国で無線電信会社を立ち上げて英国領の海岸に無線局を設置し，船舶に無線局と通信士をリース/派遣する形でサービスを開始した。一方で，同調ダイヤル方式の発明（1900 年）や大西洋横断無線通信の成功（1901 年）など，研究開発も欠かせなかった。

無線通信の最大の利点は，移動体通信を実現できることであろう。1905 年の日本海海戦において，バルチック艦隊を発見した信濃丸が発した「敵艦見ユ」は，日本の連合艦隊を勝利に導く重要な情報であった。1912 年に起こったタイタニック号の遭難ではマルコーニ社の通信設備と通信士によって遭難信

[†] 金属粉が高周波によって抵抗値を変える現象。当時は理由がわからなかった。

号が発せられ，乗客乗員約2200人中700人余りが救助された。

　一方，無線による電気通信は，電線を敷設する必要がなく比較的短期間で開設できるとともに，その費用も有線方式に比べて抑えることができる。これらの利点は遠距離通信になるほど顕著となる。無線電信は当初，有線電信の代替手段として実用化されていった。日本では米国との通信を担う磐城無線電信局（福島県）が1921年に開局している。

　無線通信は，有線通信と異なり通信相手以外に傍受される可能性が高い。この特徴は特定者間で行われる通信の形態では欠点となるが，これを逆手に取れば，不特定多数の相手に同じ情報を配信する形態（すなわち放送）に適したものとなる。音響放送（ラジオ）は1906年に米国で始まったのが最初とされる。日本では1925年に東京放送局（現NHK）が開局し，10月末には契約数が10万を突破したという。余談だが，1923年に発生した関東大震災の報は磐城無線電信局から米国に発せられ世界中が知ることになった。震災直後の被災地では，今では考えられない悪質なデマや混乱があったというが，ラジオ放送が始まっていれば状況は違ったのかもしれない。比較的簡易な回路で受信できるラジオ放送は，災害時でも有効なメディアと位置付けられ，今でもアナログ方式（→4章）が用いられる。

1.2　電気通信の進展

1.2.1　有線と無線の住み分け

　有線通信と無線通信の特徴をまとめると**表1.1**のようになろう。有線通信は，メタリックケーブルを伝導する電気信号から光ファイバによる光信号の伝達に移行し，伝送容量が飛躍的に進展した。無線通信で用いる波長は長波から短波帯，マイクロ波帯へと移っていく。第二次大戦中の軍事目的の研究によって無線技術はさらに進み，戦後はレーダや測位への応用や人工衛星を用いた通信が実用化されていった。現在，通信網の幹線や大容量の安定した通信が必要とされる拠点では光ファイバが利用され，屋内もしくは近距離でアクセス端末

表1.1 有線通信と無線通信の特徴

有線通信の特徴	無線通信の特徴
① 安定した通信品質（電波干渉，遮蔽，反射，散乱などの影響を受けない） ② 必要なケーブルを敷設すれば，回線数を増やせる（電波干渉による回線数の制約がない） ③ ケーブル敷設にコスト（時間，金額）を要する	① 移動体間の通信が可能 ② 放送（ブロードキャスト）に向いている ③ 無線区間の工事が不要で，開設に要するコストが比較的低い ④ 周波数が限られている．混信や電波干渉に対処する必要がある ⑤ 通信品質が伝搬環境（遮蔽，反射，散乱など）の影響を受けやすい

が固定的に用いられる環境ではメタリックケーブルも使用されている．一方，無線通信は移動体通信や放送，災害や障害時の非常用通信に適しており，テレビジョン（以下，テレビ）放送，携帯電話システム（→ 10 章），衛星通信や衛星放送（→ 11 章），レーダや測位（→ 12 章）と広い範囲で利用されている．

1.2.2 情報形態と通信モデル

前述のように電気通信は符号で文字を表す電信に始まり，その後音声を伝える電話の形式が広まっていった．電信網を用いた静止画伝送も改良されながら実用化されていった．日本では 1928 年に NE 式写真電送が開発され，官公庁や新聞社に採用された．電話網による静止画伝送（ファクシミリ）は 1966 年から欧米間で行われ，日本でも 1972 年に解禁されて以降，企業や家庭で広く用いられるようになった．初期のファクシミリ解像度は 100 dpi（dot per inch, 1 inch は 2.54 cm）で，A4 用紙 1 枚の伝送に 3〜6 分を要した．

動画伝送は 1920 年代の電子式受像機（ブラウン管）と撮像機の開発を経て，1929 年に英国で実験放送が行われた．米国では 1941 年に，日本では 1953 年に NTSC 方式による白黒テレビ放送が開始された．国内のテレビ電話サービスは 1984 年に遠隔会議システムとして始まり，後に電話網と当時のデータ通信網を統合した ISDN（→ 8.1 節）による家庭用端末も発売された．

このように通信もしくは**放送**[†]により相手に伝える情報の形態は多様化し，

[†] 放送法第二条では「放送」を，「公衆によって直接受信されることを目的とする電気通信の送信」と定めている．

近年はコンピュータなどデバイスの通信が急増している。伝送システムをモデル化すると図1.2のような基本形で表される。送信機は伝達する情報を伝送路に合わせた電気信号（もしくは光信号）に変換する。伝送路はその信号を受信側に伝えるもので，前述のように有線と無線に大きく分けられる。受信機では到達した信号から情報を復元する。

図1.2　伝送システムの基本形

現在のディジタル伝送では，受信機がさまざまな情報を符号化し（これを**情報源符号化**；source coding という），情報データに変換する。次いで伝送路に合わせた符号化（これを**伝送路符号化**；channel coding という）とディジタル変調（→5章）を行い，伝送路に信号を送出する。伝送路に要求される性能は情報源によって異なる。表1.2にその例を示す。

表1.2　情報形態に応じた伝送路の条件例

	伝送遅延	伝送速度	雑音/伝送誤り
放　送	ある程度許容	小（音響），大（動画）	ある程度許容
通　話	小さい許容値	小	ある程度許容
メール	ある程度許容	小	小さい許容値
動画視聴	ある程度許容	大	ある程度許容

伝送路の性質は物理媒体によって大きく異なるが，本書では主に無線伝送路を扱う（→9章，11章）。受信機に到達した信号は，変調の逆操作である復調を経て伝送データに変換する。受信信号は通常，雑音によって信号の一部が損なわれているが（→3章），誤り訂正復号によって誤りを含む伝送データから正しい情報データに変換し，さらに情報源復号により情報を復元する。

1.2.3　伝送と交換

多数のユーザが利用する通信システムでは，通信するユーザ間の経路を設定

する動作（交換）と，その経路を介して情報を伝達する動作（伝送）に分けられる。通信網の基本構成を図1.3に示す。初期の公衆固定電話システムでは交換手が行っていた経路設定だが，コンピュータの進展に伴い自動化されていった。リレー回路を応用したクロスバー交換機の時代を経て，現在は半導体素子による電子交換機になっている。さらに，ハードウェアの進歩による交換処理能力の向上はパケット交換方式（→7章）を実現し，現在の高速データ通信網を形成している。同様に送受信機の信号処理能力も向上し，音声のように連続して変化する波形を，相似の電気波形ではなく，離散値に置き換えて伝送するディジタル方式が広まっていった。離散的という意味では電信も一種のディジタル伝送ではあるが，今日のディジタル方式は高度な変復調（→5章）や誤り訂正，多重化（→6章）が施されており，きわめて高い性能を発揮している。

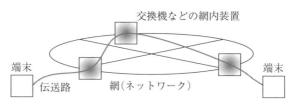

図1.3　通信網の基本構成

1.2.4　通信対象の拡大

語源からわかるように，通信は元来，人対人（human to human；**H2H**）の間で行われるものであった。この形態は今後もなくなることはない。一方，社会が進展すると機械化は産業界にとどまらず，自動車や自動販売機，白物家電などのような機械が生活の隅々に浸透していった。監視カメラや多様なセンサも急増しているが，最も大量のデータをやり取りするのはコンピュータであろう。さまざまな予約システム，販売管理や分析，決済システムなどの専用システムをはじめ枚挙にいとまがない。大量のデータを集約しビッグデータとしてさまざまな分析を試みる手法も進んでおり，物対物（machine to machine，**M2M**）の形態は今後急激に広まると考えられている。

1.2.5 通信の形態

通信技術はさまざまな通信のニーズに合わせて進展してきた。**表 1.3** に通信形態の分類を示す。通信を一対一の関係で見たとき，双方向で情報がやり取りされる形態を**複信**（duplex），単方向の場合を**単信**（simplex）という。複信には同時に送受できる**全二重**（full duplex）と，交互で行う**半二重**（half duplex）がある。通信対象に関して，特定の一つを通信の対象とする形態をユニキャスト（unicast），複数を対象とするマルチキャスト（multicast），対象を選択せずすべてを通信の対象にするブロードキャスト（broadcast）がある。

表 1.3　通信形態の分類

通信の方向			通信の対象		
双方向 複信（全二重）	交互双方向 複信（半二重）	一方向 単　信	ユニ キャスト	マルチ キャスト	ブロード キャスト

1.3　システムの信頼性

1.3.1　信頼度指標

一般に，システムは複数のサブシステムもしくは装置や部品などで構成されており，個々の信頼度から全体の信頼度が定まる。システムの信頼性に関する主な指標として，**MTBF**（mean time between failure；平均故障間隔），**MTTR**（mean time to repair；平均修理時間），**稼働率**（availability）がある。MTBF は，装置やシステムが稼働開始してから故障するまでの平均時間であり，式 (1.1) で与えられる。その逆数を**故障率**といい，単位時間当りの平均故障回数を与える。稼働率は無故障で動作している時間の割合であり，式 (1.4) で与えられる。

$$\text{MTBF} = \frac{稼働時間の合計}{稼働回数} \tag{1.1}$$

$$故障率 = \frac{1}{\text{MTBF}} \tag{1.2}$$

$$\text{MTTR} = \frac{修理時間の合計}{故障回数} \tag{1.3}$$

$$稼働率 = \frac{\text{MTBF}}{\text{MTBF} + \text{MTTR}} \tag{1.4}$$

図 1.4 に示す例では MTBF = $(100 + 90 + 80)/3 = 90$ 時間, 故障率 = $1/90$ 回/h, MTTR = $(9 + 11 + 10)/3 = 10$ 時間, 稼働率 = $90/(90 + 10) = 0.9$ となる.

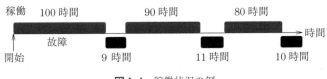

図 1.4 稼働状況の例

1.3.2 接続形態と全体の信頼度

システム全体の信頼度は, システムを構成するサブシステムや装置の接続形態を反映する. 主な接続形態は**図 1.5**, **図 1.6** の 2 通りに分けられる. 図 1.5 は直列接続であり, 一つでも装置が故障すると系全体が動作しない. ここで信頼度を「系・機器・部品などが規定の機能を遂行する確率」と定義し, 独立に動作する装置 i の信頼度を R_i とすると, 系全体の信頼度 R は式 (1.5) で与えられる.

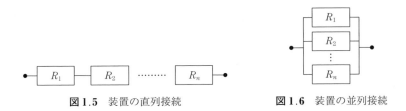

図 1.5 装置の直列接続　　　**図 1.6** 装置の並列接続

$$R = R_1 R_2 \cdots R_n = \prod_{i=1}^{n} R_i \tag{1.5}$$

図 1.6 は並列接続であり，同一機能の装置を重複して使用する冗長構成である。並列関係にある装置のどれかが正常であれば系は正常に動作する。よって系全体の信頼度 R は式 (1.6) となる。今，$n=3$，$R_1 = R_2 = R_3 = 0.8$ とすると，直列接続では個々の信頼度 0.8 より全体の信頼度 ($0.8^3 = 0.512$) が下回るが，並列接続では全体の信頼度 ($1 - 0.2^3 = 0.992$) が上回る。このように冗長な装置を用いることで，全体の信頼度を向上させることができる。

$$R = 1 - (1-R_1)(1-R_2)\cdots(1-R_n) = 1 - \prod_{i=1}^{n}(1-R_i) \tag{1.6}$$

章 末 問 題

1.1 稼働状況が**問図 1.1** で示されるシステムの MTBF，故障率，MTTR，および稼働率を求めよ。

問図 1.1 稼 働 状 況

1.2 装置 A，B，C の信頼度がそれぞれ 0.90，0.95，0.95 のとき，**問図 1.2** ①〜④の系全体の信頼度を求めよ。

問図 1.2 装置接続図

1.3 通信が社会で果たす役割と意義について，思うところを 400 字以内で述べよ。

2

フーリエ変換とスペクトル

2.1 フーリエ変換とスペクトルの関係

情報は不規則に変化する時間波形で表現されているが，その波形を伝えるためのコストや機器の性能などを把握するには，波形の有する周波数成分を把握することが必要となる。すなわち波形を時間領域と周波数領域で相互に変換する必要があり，これらを結び付けるのが**フーリエ級数展開**（Fourier series expansion）あるいは**フーリエ変換**（Fourier transform）である。

図 2.1 に時間波形とスペクトルの関係を示す。本来は，信号の時間波形が周期性を持つか否かで扱いが異なる。しかし，デルタ関数（→ 2.4 節）を用いて

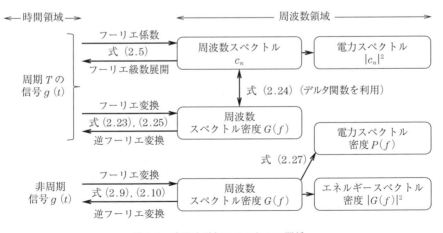

図 2.1 時間波形とスペクトルの関係

フーリエ変換を拡張し，周期性信号をフーリエ変換で統一的に扱うこともできる（→ 2.4 節）。

2.2 信号の周期性

時間 T ごとに同じ波形が繰り返される信号を，周期 T の**周期性信号**という。周期性信号 $g(t)$ は，$-T/2 \leqq t < T/2$ の区間で定義される関数 $g_0(t)$ を用いて式 (2.1) で表される。

$$g(t) = \sum_{k=-\infty}^{\infty} g_0(t - kT), \quad g_0(t) = \begin{cases} g_0(t), & -\dfrac{T}{2} \leqq t < \dfrac{T}{2} \\ 0, & \text{otherwise} \end{cases} \quad (2.1)$$

周期性信号の例を**図 2.2** に示す。なお，**非周期信号**は孤立した波形が現れて規則的に繰り返されることがない。

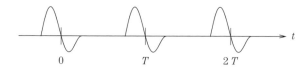

図 2.2 周期性信号の例

電気信号波形は一般に電圧（単位は〔V〕）か電流（単位は〔A〕）を示しているから，標準抵抗 1Ω を前提とすると，その波形が有するエネルギー E〔J〕と平均電力 P〔W〕は式 (2.2) となる。

$$E = \int_{-\infty}^{\infty} |g(t)|^2 dt, \quad P = \lim_{\tau \to \infty} \frac{1}{\tau} \int_{-\tau/2}^{\tau/2} |g(t)|^2 dt \quad (2.2)$$

一般に，周期性信号であれば，E は発散し値が定まらないが，電力 P は定まる。これを有限電力信号という。エネルギー E が有限となる非周期信号を有限エネルギー信号という。

2.3 周期性信号のスペクトル ― フーリエ級数展開 ―

式 (2.1) で表した周期性信号 $g(t)$ をフーリエ級数展開すると，式 (2.3) のようになる．

$$g(t) = a_0 + 2\sum_{n=1}^{\infty}\left[a_n \cos\left(\frac{2\pi}{T}nt\right) + b_n \sin\left(\frac{2\pi}{T}nt\right)\right] \tag{2.3}$$

ただし

$$a_n = \frac{1}{T}\int_{-T/2}^{T/2} g(t)\cos\left(\frac{2\pi}{T}nt\right)dt, \quad b_n = \frac{1}{T}\int_{-T/2}^{T/2} g(t)\sin\left(\frac{2\pi}{T}nt\right)dt \tag{2.4}$$

である．周期 T の逆数 $1/T$ は基本周波数と呼ばれる．フーリエ係数である a_n と b_n は，周波数 $f = n/T$ における波形 $g(t)$ の cos 成分および sin 成分である．$g(t)$ が実関数であれば a_n と b_n も実数となる．a_n と b_n の単位は $g(t)$ と同じである．

オイラーの公式 $e^{\pm jx} = \cos x \pm j\sin x$ を用いると，式 (2.3) のフーリエ級数展開は式 (2.5) のように数式表現を簡略化できる．ここで，j は虚数単位 $\sqrt{-1}$ である．

$$g(t) = \sum_{n=-\infty}^{\infty} c_n e^{j\frac{2\pi}{T}nt}, \quad c_n = \frac{1}{T}\int_{-T/2}^{T/2} g(t) e^{-j\frac{2\pi}{T}nt} dt \tag{2.5}$$

しかしその一方で，形式上，負の周波数（$n < 0$ における $f = n/T$）が現れ，また，$g(t)$ が実関数であってもフーリエ係数 c_n は複素数となりうることに注意する．

平均電力 P は，式 (2.2) および式 (2.4)，(2.5) の関係を用いて式 (2.6) で表せる．ここで，「$*$」は共役複素数を表し，z^* は z の共役複素数を意味する．式 (2.7) の性質を**直交性**という．

$$P = \frac{1}{T}\int_{-T/2}^{T/2} |g(t)|^2 dt = \frac{1}{T}\int_{-T/2}^{T/2}\left|\sum_{n=-\infty}^{\infty} c_n e^{j\frac{2\pi}{T}nt}\right|^2 dt$$

$$= \frac{1}{T}\int_{-T/2}^{T/2}\left(\sum_{n=-\infty}^{\infty} c_n e^{j\frac{2\pi}{T}nt}\right)\left(\sum_{m=-\infty}^{\infty} c_m^* e^{-j\frac{2\pi}{T}mt}\right)dt = \sum_{n=-\infty}^{\infty} |c_n|^2$$

$$= a_0{}^2 + 2\sum_{n=1}^{\infty}(a_n{}^2 + b_n{}^2) \tag{2.6}$$

$$\frac{1}{T}\int_{-T/2}^{T/2} e^{j\frac{2\pi}{T}(n-m)t}dt = \begin{cases} 1, & n = m \\ 0, & n \neq m \end{cases} \tag{2.7}$$

周期性信号のスペクトルは周波数間隔 $f_1 = 1/T$ ごとに成分を持つ。その形状を線スペクトルという。周期性信号の電力スペクトルの例を**図 2.3** に示す。左図は三角関数でフーリエ級数展開した場合の電力スペクトル，右図は指数関数で展開した場合である。以後，特に断らない限り指数関数でのフーリエ級数展開を用いる。なお，f_1 は基本周波数である。

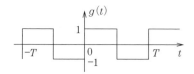

図 2.3 周期性信号の電力スペクトルの例

【例題 2.1】 図 2.4 の周期性信号のフーリエ係数および電力スペクトルを求めよ。

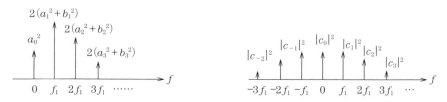

図 2.4 周期 T の矩形波 $g(t)$

（**解**） 図 2.4 より，信号 $g(t)$ の周期は T であり，$-T/2 \leq t < 0$ のとき -1, $0 \leq t < T/2$ のとき 1 となるから，フーリエ係数を求めると式 (2.8) のようになる。

$$\begin{aligned}
c_n &= \frac{1}{T}\int_{-T/2}^{T/2} g(t)e^{-j\frac{2\pi}{T}nt}dt = \frac{-1}{T}\int_{-T/2}^{0} e^{-j\frac{2\pi}{T}nt}dt + \frac{1}{T}\int_{0}^{T/2} e^{-j\frac{2\pi}{T}nt}dt \\
&= \frac{-1}{T}\int_{0}^{T/2}\left(e^{j\frac{2\pi}{T}nt} - e^{-j\frac{2\pi}{T}nt}\right)dt = \frac{-2j}{T}\int_{0}^{T/2}\sin\left(\frac{2\pi}{T}nt\right)dt \\
&= j\frac{\cos(n\pi) - 1}{n\pi}
\end{aligned} \tag{2.8}$$

表 2.1 $g(t)$ のフーリエ係数

n	c_n	$|c_n|^2$
0	0	0
± 1	$\mp j\dfrac{2}{\pi}$	$\dfrac{4}{\pi^2}$
± 2	0	0
± 3	$\mp j\dfrac{2}{3\pi}$	$\dfrac{4}{9\pi^2}$
$\vdots$	$\vdots$	$\vdots$

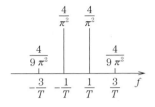

図 2.5 $g(t)$ の電力スペクトル

フーリエ係数値と電力スペクトルの一部を，**表 2.1** と**図 2.5** に示す．　　　◆

2.4 非周期信号のスペクトル ― フーリエ変換 ―

大半の信号は周期性を持たない非周期信号である．非周期信号 $g(t)$ の周波数成分を，周波数 f の関数として $G(f)$ と書くと，式 (2.9), (2.10) の関係がある．

$$G(f) = \mathcal{F}[g(t)] = \int_{-\infty}^{\infty} g(t)e^{-j2\pi ft}dt \tag{2.9}$$

$$g(t) = \mathcal{F}^{-1}[G(f)] = \int_{-\infty}^{\infty} G(f)e^{j2\pi ft}df \tag{2.10}$$

式 (2.9) はフーリエ変換，式 (2.10) は逆フーリエ変換である．ここで，$\mathcal{F}[\cdot]$ はフーリエ変換を，$\mathcal{F}^{-1}[\cdot]$ は逆フーリエ変換を表す記号である．周期性信号の場合と同様に周波数 f は負になりうるが，形式的なものである．$G(f)$ を**周波数スペクトル密度**という．

$g(t)$ が持つエネルギー E は，式 (2.2), (2.10) を用いて式 (2.11) のように変形できる．

$$\begin{aligned}
E &= \int_{-\infty}^{\infty} |g(t)|^2 dt = \int_{-\infty}^{\infty} \left[\int_{-\infty}^{\infty} G(f)e^{j2\pi ft}df\right]\left[\int_{-\infty}^{\infty} G^*(f')e^{-j2\pi f't}df'\right]dt \\
&= \int_{-\infty}^{\infty}\int_{-\infty}^{\infty}\int_{-\infty}^{\infty} G(f)G^*(f')e^{j2\pi(f-f')t}df'dfdt \\
&= \int_{-\infty}^{\infty}\int_{-\infty}^{\infty} G(f)G^*(f')\int_{-\infty}^{\infty} e^{j2\pi(f-f')t}dtdf'df
\end{aligned}$$

$$= \int_{-\infty}^{\infty} G(f) \int_{-\infty}^{\infty} G^*(f')\delta(f-f')df'df = \int_{-\infty}^{\infty} |G(f)|^2 df \qquad (2.11)$$

式 (2.11) の変形過程で，**図 2.6** と式 (2.12)，(2.13) に示す**デルタ関数** $\delta(t)$ の性質を用いた。

$$\int_{-\infty}^{\infty} e^{j2\pi ft} df = \delta(t) \qquad (2.12)$$

$$\int_{-\infty}^{\infty} h(t)\delta(x-t)dt = \int_{-\infty}^{\infty} h(t)\delta(t-x)dt = h(x) \qquad (2.13)$$

ここで，$h(x)$ は x を変数とする任意の関数である。

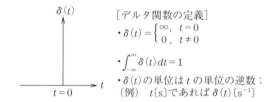

図 2.6 デルタ関数 $\delta(t)$

式 (2.11) から，信号波形が持つエネルギーは，時間領域で求めても，周波数領域で求めても一致することがわかる。これを**パーシバルの定理**（Parseval's theorem）という。

$|G(f)|^2$ を**エネルギースペクトル密度**という。2.2 節で述べたように，$g(t)$ の物理単位が〔V〕または〔A〕で，標準抵抗 1Ω を前提にすると，$|G(f)|^2$ の物理単位は〔W s²〕=〔J/Hz〕となり，周波数 $1\,\mathrm{Hz}$ 当りのエネルギーを表している。

【例題 2.2】 図 2.7 に示す孤立矩形パルス $g(t)$ の周波数スペクトル密度を求めよ。

（解） $g(t)$ は，図 (a) より $-T/2 \leq t < T/2$ のときは 1，それ以外は 0 だから，式 (2.9) より

$$G(f) = \int_{-\infty}^{\infty} g(t)e^{-j2\pi ft}dt = \int_{-T/2}^{T/2} e^{-j2\pi ft}dt = \left[\frac{e^{-j2\pi ft}}{-j2\pi f}\right]_{-T/2}^{T/2}$$

$$= \frac{e^{-j\pi fT} - e^{j\pi fT}}{-j2\pi f} = \frac{e^{j\pi fT} - e^{-j\pi fT}}{j2\pi f} = \frac{\sin(\pi fT)}{\pi f} = T\,\mathrm{sinc}(fT)$$

$$(2.14)$$

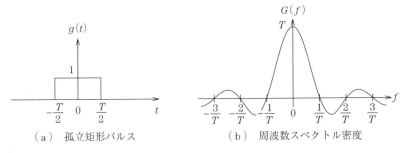

(a) 孤立矩形パルス　　　　　(b) 周波数スペクトル密度

図 2.7 孤立矩形パルス $g(t)$ の周波数スペクトル密度

となる。$\mathrm{sinc}(x) = \sin(\pi x)/(\pi x)$ で定義される関数をカーディナル サイン (cardinal sine) または sinc 関数という。式 (2.14) を描くと図 (b) になる。◆

2.5　フーリエ変換の性質

本節では，通信システムを理解するうえで欠かせないフーリエ変換の主な性質を説明する。

2.5.1　周波数シフト

$G(f) = \mathcal{F}[g(t)]$ とすると，式 (2.15) のような関係のあることがわかる。

$$G(f - f_c) = \int_{-\infty}^{\infty} g(t) e^{-j2\pi(f-f_c)t} dt = \int_{-\infty}^{\infty} [g(t) e^{j2\pi f_c t}] e^{-j2\pi f t} dt$$

$$= \mathcal{F}[g(t) e^{j2\pi f_c t}] \tag{2.15}$$

すなわち，周波数領域で $G(f) \to G(f - f_c)$ と変換することは，時間領域で $g(t) \to g(t) e^{j2\pi f_c t}$ と変換することに相当する。信号の周波数を f_c だけシフトすることは，信号の時間波形 $g(t)$ に $e^{j2\pi f_c t}$ を乗じることと等価である。この性質は変復調 (→ 4 章，5 章) を理解するうえで重要である。

2.5.2　時間シフト

信号 $g(t)$ の時刻を t_0 だけ遅らせた波形 $g(t - t_0)$ の周波数スペクトル密度

は，大きさが同じで位相が $2\pi f t_0$〔rad〕だけ遅れる．

$$\mathcal{F}[g(t-t_0)] = \int_{-\infty}^{\infty} g(t-t_0)e^{-j2\pi ft}dt = \int_{-\infty}^{\infty} g(t')e^{-j2\pi f(t'+t_0)}dt'$$

$$= \int_{-\infty}^{\infty} g(t')e^{-j2\pi ft'}dt' e^{-j2\pi ft_0} = G(f)e^{-j2\pi ft_0} \quad (2.16)$$

式 (2.16) の変形過程で，積分変数を $t' = t - t_0$ と変換した．この性質は，遅延波を扱う場合（→ 9.3.4 項）や高度なディジタル変調（→ 6.3.5 項）を理解するうえで必要となる．

2.5.3 時間微分と時間積分

信号 $g(t)$ を時間微分した波形 $dg(t)/dt$ の周波数スペクトル密度は，元の周波数スペクトル密度 $G(f)$ に $j2\pi f$ を乗じたものである．

$$\frac{d}{dt}g(t) = \frac{d}{dt}\left[\int_{-\infty}^{\infty} G(f)e^{j2\pi ft}df\right] = \int_{-\infty}^{\infty} G(f)\left[\frac{d}{dt}e^{j2\pi ft}\right]df$$

$$= \int_{-\infty}^{\infty} [j2\pi f G(f)] e^{j2\pi ft}df \quad (2.17)$$

式 (2.17) より，$\mathcal{F}\left[\dfrac{d}{dt}g(t)\right] = j2\pi f G(f)$ となることがわかる．この性質は，周波数変調の特性（→ 4.7.2 項）を理解するうえで必要となる．

同様に，時間積分した波形の周波数スペクトル密度を見ると，元の周波数スペクトル密度 $G(f)$ を $j2\pi f$ で除したものになっている．

$$\mathcal{F}\left[\int g(t)dt\right] = \frac{G(f)}{j2\pi f} \quad (2.18)$$

2.5.4 インパルス

非常に短い時間に大きな値を持ち，それ以外はゼロとなる信号を**インパルス**といい，理想的にはデルタ関数（図 2.6）で与えられる．時刻 $t=0$ で発生するインパルスは $\delta(t)$ と書ける．式 (2.9)，(2.13) より，インパルスの周波数スペクトル密度は

$$G(f) = \mathcal{F}[\delta(t)] = \int_{-\infty}^{\infty} \delta(t)e^{-j2\pi ft}dt = e^{-j2\pi f \times 0} = 1 \quad (2.19)$$

となるから，すべての周波数成分を，同強度・同位相で有していることがわかる。

ある回路にインパルスを入力したときの出力を**インパルス応答**という。図 **2.8** に示すように，回路の周波数に関する入出力特性 $H(f)$ は，インパルス応答 $h(t)$ の周波数スペクトル密度である。

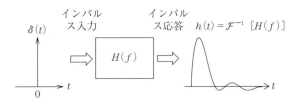

図 **2.8** インパルス応答の意味

2.5.5 時間波形の畳込み

入出力特性が $H(f)$ で与えられる回路に，周波数スペクトル密度 $G(f)$ の信号が入力したとき，回路から出力される信号を $r(t)$ とする。$r(t)$ の周波数スペクトル密度 $R(f)$ は，周波数スペクトル密度の積 $G(f)H(f)$ で与えられる。すなわち

$$R(f) = \mathcal{F}[r(t)] = G(f)H(f) \tag{2.20}$$

である。$g(t) = \mathcal{F}^{-1}[G(f)]$，回路のインパルス応答を $h(t) = \mathcal{F}^{-1}[H(f)]$ とすると，$r(t)$ は式 (2.21) に示すように，$g(t)$ と $h(t)$ の畳込み積分で表される。ここで，$\otimes$ は畳込みを表す記号である。

$$r(t) = \int_{-\infty}^{\infty} g(\tau)h(t-\tau)d\tau = g(t) \otimes h(t) \tag{2.21}$$

時刻 τ における入力信号 $g(\tau)$ に対する回路の応答波形が $g(\tau)h(t-\tau)$ であり，これがすべての時刻において積算されて応答波形 $r(t)$ となる。畳込み積分の意味を図 **2.9** に示す。

式 (2.21) より式 (2.22) の関係が確かめられる。

$$R(f) = \mathcal{F}[r(t)] = \int_{-\infty}^{\infty} \left[\int_{-\infty}^{\infty} g(\tau)h(t-\tau)d\tau\right] e^{-j2\pi ft} dt$$

20   2. フーリエ変換とスペクトル

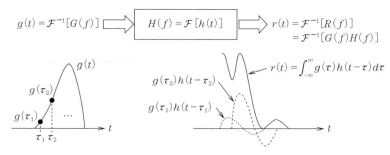

図 2.9 畳込み積分の意味

$$= \int_{-\infty}^{\infty} g(\tau) \left[\int_{-\infty}^{\infty} h(t-\tau) e^{-j2\pi ft} dt \right] d\tau$$

$$= \int_{-\infty}^{\infty} g(\tau) e^{-j2\pi f\tau} d\tau \, H(f) = G(f)H(f) \qquad (2.22)$$

2.5.6 デルタ関数を用いた周期性信号のフーリエ変換

デルタ関数を用いることで，周期性信号のフーリエ級数展開をフーリエ変換の拡張として扱う．今，式 (2.1) で与えられる周期性信号 $g(t)$ に式 (2.9) を適用してフーリエ変換すると

$$G(f) = \int_{-\infty}^{\infty} g(t) e^{-j2\pi ft} dt = \sum_{k=-\infty}^{\infty} \int_{-\infty}^{\infty} g_0(t-kT) e^{-j2\pi ft} dt$$

$$= \sum_{k=-\infty}^{\infty} \int_{-\infty}^{\infty} g_0(t') e^{-j2\pi f(t'+kT)} dt'$$

$$= \sum_{k=-\infty}^{\infty} e^{-j2\pi kfT} \int_{-T/2}^{T/2} g_0(t') e^{-j2\pi ft'} dt' \qquad (2.23)$$

となる．fT が整数 n のとき，$2\pi kfT = 2\pi nk$ は 2π の整数倍（nk 倍）となるから，$e^{-j2\pi kfT} = 1$ となり，$\sum_{k=-\infty}^{\infty} e^{-j2\pi kfT}$ は発散する（∞ になる）．fT が非整数のときは，k を変化させると，位相角 $2\pi kfT$ は $-\pi$ から π の範囲で均等の割合で発生するから，$\sum_{k=-\infty}^{\infty} e^{-j2\pi kfT} = 0$ となる．今，f が $-\infty$ から ∞ の範囲で変化するとき，$fT = n$ を満たす整数 n は $-\infty$ から ∞ の範囲で存在するか

ら，$\sum_{k=-\infty}^{\infty} e^{-j2\pi kfT} = \sum_{n=-\infty}^{\infty} \delta(fT-n)$ と書ける．よって，周期性信号の周波数スペクトル密度式 (2.23) は，式 (2.5) より式 (2.24) のようにデルタ関数を用いて表せる．

$$G(f) = \sum_{k=-\infty}^{\infty} e^{-j2\pi kfT} \int_{-T/2}^{T/2} g_0(t') e^{-j2\pi ft'} dt' = T \sum_{n=-\infty}^{\infty} \delta(fT-n) c_n \quad (2.24)$$

この逆フーリエ変換は，$g(t)$ のフーリエ級数展開に一致する．すなわち

$$g(t) = \int_{-\infty}^{\infty} G(f) e^{j2\pi ft} df = \int_{-\infty}^{\infty} T \sum_{n=-\infty}^{\infty} \delta(fT-n) c_n e^{j2\pi ft} df$$

$$= \sum_{n=-\infty}^{\infty} c_n \int_{-\infty}^{\infty} \delta(fT-n) e^{j2\pi fTt/T} d(fT) = \sum_{n=-\infty}^{\infty} c_n e^{j2\pi nt/T} \quad (2.25)$$

となる．

2.5.7 非周期信号の電力スペクトル密度

式 (2.2) で定義した，平均電力 P が定まる（0 にならない）非周期信号を考える．波形 $g(t)$ を時刻 $-T/2 \leqq t < T/2$ の範囲で取り出して，その区間をフーリエ変換する．

$$G(f, T) = \int_{-T/2}^{T/2} g(t) e^{-j2\pi ft} dt \quad (2.26)$$

周波数スペクトル密度 $G(f)$ は，式 (2.9) より $G(f) = \lim_{T \to \infty} G(f, T)$ と書ける．この信号の電力スペクトル密度 $P(f)$ は式 (2.27) で定義される．

表 2.2 時間領域と周波数領域での操作の関係

時間領域での操作 または波形	周波数領域での操作 または波形	電力またはエネルギーの スペクトル密度
時間シフト；t_0	位相回転；$\exp(-j2\pi ft_0)$	変化しない
位相回転；$\exp(-j2\pi f_0 t)$	周波数シフト；f_0	周波数シフト；f_0
時間微分；d/dt	周波数乗算；$\times (j2\pi f)$	周波数の 2 乗乗算；$\times (2\pi f)^2$
時間積分；$\int dt$	周波数除算；$\times 1/(j2\pi f)$	周波数の 2 乗除算；$\times (2\pi f)^{-2}$
$g(t) = \delta(t)$	$G(f) = 1$	$|G(f)|^2 = 1$
$r(t) = g(t) \otimes h(t)$	$R(f) = G(f)H(f)$	$|G(f)H(f)|^2$

$$P(f) = \lim_{T \to \infty} \frac{1}{T} |G(f, T)|^2 \tag{2.27}$$

ここまでに説明した時間領域および周波数領域での操作の関係を，表 **2.2** に示す．

章 末 問 題

2.1 問図 2.1 の周期性信号のフーリエ係数を，下記の方法 ① および方法 ② から求め，一致することを確認せよ．

方法 ①：式 (2.5) から直接求める．
方法 ②：【例題 2.1】と時間シフトの関係から求める．

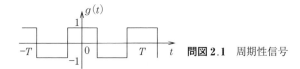

問図 2.1　周期性信号

2.2 問図 2.2 の余弦パルス波形 $g(t)$ の周波数スペクトル密度 $G(f)$ を求めよ．

$$g(t) = \begin{cases} \cos\left(\frac{\pi}{T} t\right), & |t| \leq \frac{T}{2} \\ 0, & \text{otherwise} \end{cases}$$

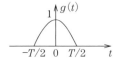

問図 2.2　余弦パルス波形

2.3 時間波形 $x(t)$ の周波数スペクトル密度を $X(f)$ とするとき，位相回転の関係とデルタ関数を用いて信号 $g(t) = 2\,[1 + 0.5x(t)]\cos(2\pi f_c t)$ の周波数スペクトル密度 $G(f)$ を表せ．

3

不規則信号と雑音

3.1 確率分布と統計量

2章で述べたように,波形 $g(t)$ が把握できるとき,周波数スペクトル密度 $G(f)$ を知ることができる。一方,不規則に変化する波形を時間の関数 $g(t)$ としてあらかじめ把握することはできない。雑音のように不規則に信号を乱す要因もあるし,そもそも正しい信号波形であっても受信者にとっては不規則に変化するように見える(だからこそ,受信者は信号波形から情報を得ている)。ここでは,不規則に変化する信号と雑音を扱うための確率分布と統計量について述べる。

波形 $g(t)$ を十分長い時間観測し,$g(t)$ が取る値の頻度を確率密度で表す。波形 $g(t)$ が取る値を確率変数 x とおき,$g(t)$ が x となる**確率密度関数**(probability density function;**PDF**)を $p(x)$ と書く。x が一定値 X 以下となる確率を $P(X)$ もしくは $P(x<X)$ と書く。$P(x<X)$ を**累積分布関数**(cumulative distribution function;**CDF**)という。$p(x)$ は正だから,$P(X)$ は x に関して単調増加となる。また,PDF と CDF には式 (3.1) のような関係がある。

$$\int_{-\infty}^{\infty} p(x)dx = 1, \quad P(X) = \int_{-\infty}^{X} p(x)dx, \quad p(x) = \frac{dP(x)}{dx} \tag{3.1}$$

確率変数 x の平均(期待値)$E[x] = \bar{x}$,分散 $\mathrm{Var}[x] = \sigma^2$ は,確率密度関数 $p(x)$ を用いて式 (3.2) で表される。

$$E[x] = \bar{x} = \int_{-\infty}^{\infty} xp(x)dx$$

$$\mathrm{Var}\,[x] = \sigma^2 = \int_{-\infty}^{\infty}(x-\bar{x})^2 p(x)dx$$

$$= \int_{-\infty}^{\infty} x^2 p(x)dx - 2\bar{x}\int_{-\infty}^{\infty} xp(x)dx + \bar{x}^2\int_{-\infty}^{\infty} p(x)dx$$

$$= E[x^2] - \bar{x}^2 = \overline{x^2} - \bar{x}^2 \tag{3.2}$$

代表的な確率分布とそれらの形状を図 3.1(a)〜(d)に示す。σは標準偏差 ($=\sqrt{\mathrm{Var}\,[x]}$) である。

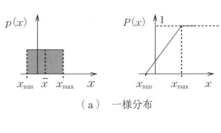

（a） 一様分布

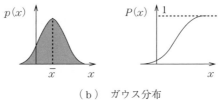

（b） ガウス分布

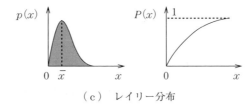

（c） レイリー分布

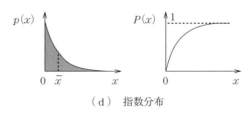

（d） 指数分布

図 3.1　代表的な確率分布とその形状

（1） 一様分布〔図 3.1（a）〕

$x_{\min} \leqq x \leqq x_{\max}$ において

$$p(x) = \frac{1}{x_{\max} - x_{\min}}, \quad P(x) = \frac{x - x_{\min}}{x_{\max} - x_{\min}}$$

$$\bar{x} = \frac{x_{\max} + x_{\min}}{2}, \quad \sigma^2 = \frac{(x_{\max} - x_{\min})^2}{12}$$

（2） ガウス分布〔図 3.1（b）〕

$$p(x) = \frac{1}{\sqrt{2\pi}\sigma} \exp\left[-\frac{(x-\bar{x})^2}{2\sigma^2}\right], \quad P(x) = 1 - \frac{1}{2}\operatorname{erfc}\left(\frac{x-\bar{x}}{\sqrt{2}\sigma}\right)$$

$$\operatorname{erfc}(y) = \frac{2}{\sqrt{\pi}} \int_y^\infty e^{-t^2} dt$$

ここで，$\operatorname{erfc}(y)$ を誤差補関数という．

（3） レイリー分布〔図 3.1（c）〕

$x \geqq 0$ において

$$p(x) = \frac{x}{a^2} \exp\left(-\frac{x^2}{2a^2}\right), \quad P(x) = 1 - \exp\left(-\frac{x^2}{2a^2}\right)$$

$$\bar{x} = \sqrt{\frac{\pi}{2}}\, a, \quad \sigma^2 = \left(2 - \frac{\pi}{2}\right)a^2$$

（4） 指数分布〔図 3.1（d）〕

$x \geqq 0$ において

$$p(x) = a\exp(-ax), \quad P(x) = 1 - \exp(-ax)$$

$$\bar{x} = \frac{1}{a}, \quad \sigma^2 = \frac{1}{a^2}$$

一様分布は，ランダムに変化する雑音や信号の位相，量子化雑音（→5.2.2 項）などに現れる．**ガウス分布**は，後述する熱雑音などで幅広く見ることができる．**レイリー分布**や**指数分布**は，陸上移動通信における伝送路変動など（→9.2, 9.3 節）に登場する．

以上は連続した信号波形を対象とした確率分布であるが，離散的な確率分布にポアソン分布がある．ポアソン分布は，通話の発生頻度を扱う 7.3 節で取り上げる．

3.2 相関関数

時間波形の統計的な特徴を表すものとして**自己相関関数**がある。これは後述するように，エネルギースペクトル密度もしくは電力スペクトル密度を時間領域で見たものにほかならない。すなわち，波形 $g(t)$ を完全に（決定論的に）把握できなくても（= 周波数スペクトル密度 $G(f)$ を求められなくても），$g(t)$ の自己相関関数がわかれば，エネルギースペクトル密度 $|G(f)|^2$ もしくは電力スペクトル密度 $P(f)$ を知れるのである。波形 $g(t)$ とその自己相関関数 $R(\tau)$ には式 (3.3) の関係がある。

$$R(\tau) = \begin{cases} \dfrac{1}{T}\int_{-T/2}^{T/2} g(t)g(t+\tau)dt & ; g(t)\text{ が周期 }T\text{ の信号} \\ \int_{-\infty}^{\infty} g(t)g(t+\tau)dt & ; 非周期の有限エネルギー信号 \\ \lim_{T\to\infty}\dfrac{1}{T}\int_{-T/2}^{T/2} g(t)g(t+\tau)dt & ; 非周期の有限電力信号 \end{cases}$$

(3.3)

式 (3.3) の 1 番目と 3 番目の関係式では，$R(\tau)$ の物理単位は〔W〕，2 番目では〔J〕となる。2 章で示した式 (2.6)，(2.11) から，$R(0)$ は信号の持つ電力もしくはエネルギーを表すことがわかる。$R(\tau)$ は $\tau=0$ で最大となる。波形 $g(t)$ の時間変化が緩やかであれば，$g(t)$ と $g(t+\tau)$ の差は小さいから $R(\tau)$ の τ に対する変化は小さい。反対に $g(t)$ が急激に変化する傾向があれば，$R(\tau)$ も急激に減少するであろう。

本章で扱う不規則信号と雑音は非周期信号であるから，式 (3.3) の第 2，第 3 の関係式に着目する。$R(\tau)$ をフーリエ変換して周波数領域で見てみると，次の関係があることがわかる。

（1） 有限エネルギー信号の場合

$$\mathcal{F}[R(\tau)] = \int_{-\infty}^{\infty} R(\tau)e^{-j2\pi f\tau}d\tau = \int_{-\infty}^{\infty} g(t)\int_{-\infty}^{\infty} g(t+\tau)e^{-j2\pi f\tau}d\tau dt$$

$$= \int_{-\infty}^{\infty} g(t)e^{j2\pi ft}G(f)dt = G^*(f)G(f) = |G(f)|^2 \qquad (3.4)$$

（2） 有限電力信号の場合

今，有限電力信号 $g(t)$ を時刻 $-T/2 \leq t < T/2$ の範囲で抜き出し，その波形を $g_p(t, T)$ と書く．すなわち

$$g_p(t, T) = \begin{cases} g(t), & -\dfrac{T}{2} \leq t < \dfrac{T}{2} \\ 0, & \text{otherwise} \end{cases} \tag{3.5}$$

となる．関数 $R(\tau, T)$ を式 (3.6) で定義する．

$$R(\tau, T) = \frac{1}{T} \int_{-T/2}^{T/2} g_p(t, T) g_p(t+\tau, T) dt \tag{3.6}$$

$R(\tau, T)$ は，$g(t)$ の自己相関関数 $R(\tau)$ と式 (3.7) の関係がある．

$$\lim_{T \to \infty} R(\tau, T) = R(\tau) \tag{3.7}$$

波形 $g_p(t, T)$ は，フーリエ変換により式 (3.8) で表される．

$$g_p(t, T) = \int_{-\infty}^{\infty} G(f, T) e^{j2\pi ft} df \tag{3.8}$$

$$G(f, T) = \int_{-\infty}^{\infty} g_p(t, T) e^{-j2\pi ft} dt = \int_{-T/2}^{T/2} g(t) e^{-j2\pi ft} dt \tag{3.9}$$

したがって，式 (3.6) より

$$\begin{aligned}
\mathcal{F}[R(\tau, T)] &= \int_{-\infty}^{\infty} R(\tau, T) e^{-j2\pi f\tau} d\tau \\
&= \frac{1}{T} \int_{-\infty}^{\infty} \int_{-T/2}^{T/2} g_p(t, T) g_p(t+\tau, T) dt \, e^{-j2\pi f\tau} d\tau \\
&= \frac{1}{T} \int_{-T/2}^{T/2} g_p(t, T) \int_{-\infty}^{\infty} g_p(t+\tau, T) e^{-j2\pi f\tau} d\tau dt \\
&= \frac{1}{T} \int_{-T/2}^{T/2} g_p(t, T) \int_{-\infty}^{\infty} g_p(\tau', T) e^{-j2\pi f(\tau'-t)} d\tau' dt \\
&= \frac{1}{T} G(f, T) \int_{-T/2}^{T/2} g_p(t, T) e^{j2\pi ft} dt = \frac{1}{T} G(f, T) G^*(f, T) \\
&= \frac{1}{T} |G(f, T)|^2
\end{aligned} \tag{3.10}$$

となる．式 (3.10) の変形過程で，式 (3.9) と変数変換 $\tau' = \tau + t$ を適用した．よって，式 (3.7) と式 (2.27) より

$$\mathcal{F}[R(\tau)] = \lim_{T \to \infty} \mathcal{F}[R(\tau, T)] = \lim_{T \to \infty} \frac{1}{T}|G(f, T)|^2 = P(f) \qquad (3.11)$$

が導ける。

このように，自己相関関数を周波数領域で見たものがエネルギースペクトル密度もしくは電力スペクトル密度になるのである。不規則信号を扱う場合は，確率分布と自己相関特性を把握することが重要となる。

3.3 熱雑音の特性

3.3.1 雑音の種類

信号を送信側から受信側へ伝送する過程で，それを乱すさまざまな要因が存在する。それらを雑音といい，**表3.1**に示すように，通信装置の内部で混入する内部雑音と外部から飛来する外部雑音に分けられる。ここでは，主要な雑音となる**熱雑音**について説明する。

表3.1 雑音の種類

内部雑音	熱雑音（抵抗体） 電子デバイス雑音（半導体，電子管） システム雑音（量子化，多重化，非線形歪み）
外部雑音	天空雑音（太陽，雷，大気） 人工雑音（高周波加熱器，送電線，イグニッションノイズ）

3.3.2 熱　雑　音

抵抗体に電圧を印加すると内部に電界が生じ，内部の電子がクーロン力を受けて電界と逆の向きに移動する。電荷量の時間変化が電流であり，その波形が信号を伝達することになる。もし，電子がクーロン力に忠実に動かされるならば電圧波形と電流波形は完全に相似となる。しかし，電子は熱によるランダムな動きを伴うため，元の波形とは厳密には異なる波形となる。このような不規則な電荷の運動が熱雑音となる。熱雑音の原因となる電子の不規則運動の様子を**図3.2**に示す。

3.3 熱雑音の特性

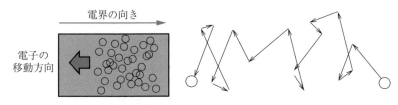

図 3.2 電子の不規則運動の様子

　熱エネルギーによって電子が運動の向きを変えるまでの平均的な時間間隔は 0.1 [ps] 程度であり，熱雑音波形のスペクトルは $1/(0.1[\text{ps}]) = 10$ [THz] 程度まで広がる†。このことから実質的に扱う時間分解能と周波数範囲において，熱雑音は時間領域では無相関な波形（自己相関がデルタ関数）であり，電力スペクトル密度は一様と見なすことができる。すなわち**白色性**を有する。

　抵抗体内の熱雑音電力 N は $N = kTB$，熱雑音電圧 v の 2 乗平均電圧は $\overline{v^2} = 4kTRB$ となる。ここで，$k = 1.38 \times 10^{-23}$ [J/K] は**ボルツマン定数**，T は絶対温度 [K]。B は帯域幅 [Hz]，R は抵抗体の抵抗値 [Ω] であり，熱雑音の等価回路と確率密度分布は**図 3.3** で表せる。熱雑音電圧 v は平均 0 のガウス分布と見なすことができる。

　これらの特徴を理想化し，電力スペクトル密度が一様で電圧（または電流）の確率密度がガウス分布となる雑音モデルを**白色ガウス雑音**という。

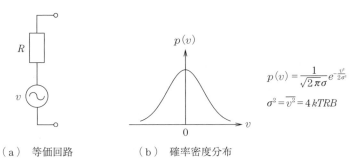

（a）等価回路　　　（b）確率密度分布

図 3.3 熱雑音の等価回路と確率密度分布

---

† p はピコと読み 10^{-12} を，T はテラと読み 10^{12} を意味する。

3.4 雑音指数

信号が何らかの回路を経て出力されるとき，その回路で新たな雑音が付加され，信号品質が劣化する。この程度を表すのが**雑音指数**である。その定義は，式 (3.12) で与えられる。

$$F = \frac{S_i/N_i}{S_o/N_o} \tag{3.12}$$

ここで，S_i と N_i は信号源と整合が取れた状態で回路が接続されているときの，回路へ入力する信号電力 (S_i) と雑音電力 (N_i) であり，入力側の等価信号電圧 v_{si}，等価雑音電圧 v_{ni} と回路抵抗 R_i を用いて式 (3.13) のように表せる。

$$\left. \begin{aligned} S_i &= \frac{v_{si}^2}{4R_i} \\ N_i &= \frac{v_{ni}^2}{4R_i} = kTB \end{aligned} \right\} \tag{3.13}$$

同様に，S_o と N_o は整合が取れた状態で回路から出力する信号電力 (S_o) と雑音電力 (N_o) であり，出力側の等価信号電圧 v_{so}，等価雑音電圧 v_{no} と回路抵抗 R_o を用いて

$$\left. \begin{aligned} S_o &= \frac{v_{so}^2}{4R_o} = GS_i \\ N_o &= \frac{v_{no}^2}{4R_o} = GN_i + N_{\text{int}} \end{aligned} \right\} \tag{3.14}$$

と書ける。ここで，G は回路の増幅利得，N_{int} は回路内部で新たに発生する雑音電力である。式 (3.12)〜(3.14) より

$$F = \frac{S_i/N_i}{S_o/N_o} = \frac{S_i}{N_i} \frac{GN_i + N_{\text{int}}}{GS_i} = 1 + \frac{N_{\text{int}}}{GN_i} = 1 + \frac{N_{\text{int}}}{GkTB} \tag{3.15}$$

となる。

雑音指数 F はつねに 1 以上であり，$F = 1$ となるのは回路の内部で新たな雑音が生じない $N_{\text{int}} = 0$ の場合である。回路の等価表現を**図 3.4** に示す。

3.4 雑音指数　31

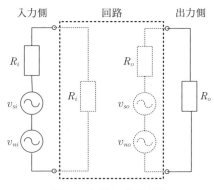

図 3.4　回路の等価表現

3.4.1　縦続接続

今，二つの回路が**図 3.5** のように縦続接続された合成回路の雑音指数 F を考える。個々の回路の利得と雑音指数をそれぞれ G_1 と F_1，G_2 と F_2 とすると，式 (3.15) より

$$\left.\begin{array}{c} F_1 - 1 = \dfrac{N_1}{G_1 kTB} \\ F_2 - 1 = \dfrac{N_2}{G_2 kTB} \end{array}\right\} \tag{3.16}$$

となる。ここで，N_1 と N_2 は回路 1 と回路 2 の内部で発生する雑音電力であり，合成回路として見たとき，内部に発生する雑音電力 N_{int} は

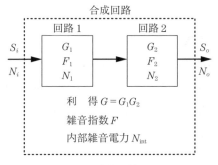

図 3.5　2 段縦続接続回路

32　3. 不規則信号と雑音

$$N_{\text{int}} = G_2 N_1 + N_2 \tag{3.17}$$

と表せる。

また，合成回路の利得 G は $G = G_1 G_2$ だから，式 (3.14) より

$$\left. \begin{array}{l} S_o = G_1 G_2 S_i, \\ N_o = G_1 G_2 N_i + N_{\text{int}} \end{array} \right\} \tag{3.18}$$

が成り立つ。よって，全体の雑音指数 F は，式 (3.12)，(3.13)，(3.16) 〜 (3.18) より

$$\begin{aligned} F &= \frac{S_i/N_i}{S_o/N_o} = \frac{S_i}{S_o} \frac{N_0}{N_i} = \frac{1}{G_1 G_2}\left(G_1 G_2 + \frac{G_2 N_1 + N_2}{kTB} \right) \\ &= 1 + \frac{N_1}{G_1 kTB} + \frac{N_2}{G_1 G_2 kTB} \\ &= F_1 + \frac{F_2 - 1}{G_1} \end{aligned} \tag{3.19}$$

となる。利得 G_1 は一般に大きいので，上式は，初段の回路の雑音指数 F_1 が全体の雑音指数 F に大きな影響を与えることを意味している。すなわち，全体の雑音指数を低くするには初段の回路の雑音指数を低くすることが効果的であることがわかる。一般に N 段の回路が縦続接続された場合には，全体の雑音指数 F は，式 (3.20) のようになる。ここで，F_n と G_n は n 段目の回路の雑音指数と利得である。

$$F = F_1 + \frac{F_2 - 1}{G_1} + \frac{F_3 - 1}{G_1 G_2} + \cdots + \frac{F_N - 1}{G_1 G_2 \cdots G_{N-1}} \tag{3.20}$$

3.4.2　等価雑音温度

雑音電力 P を，熱雑音の形式 $P = kT_e B$ で表したときの T_e を**等価雑音温度**という。図 3.4 の回路を例にとると，出力雑音電力 $N_o = G N_i + N_{\text{int}}$ のうち内部の雑音電力は N_{int} である。これを等価雑音温度で表す場合は，一般に入力換算を行い，$N_{\text{int}}/G = kT_e B$ とする。回路内部の等価雑音温度 T_e は $T_e = (F-1)T$ の関係がある。ここで，T は入力雑音の温度である。

3.5 大きさの対数表現（デシベル）

　信号や雑音の大きさはその数値範囲が非常に広い．無線局が発射する電波の強度，それが受信局に到達したときの強度，雷の電圧や落雷したときの電流，宇宙から地球に届く微弱な電波など，枚挙にいとまがない．そのような数量は指数表示（$a \times 10^b$）で表せるものの，平易に表すために通常は対数表現が用いられる．A を正の係数として，常用対数 $y = A \log_{10} x$ は，$x = a \times 10^b$ に対して $y = A(b + \log_{10} a)$ を与える．以下に述べる**デシベル**（decibel；dB）[†]を用いることで，一般に扱う x の範囲において y を数桁以内で表すことができる．

3.5.1 相 対 表 現

　電圧比，電流比，電力比は比率を表すもので，物理量の次元を持たない相対表現である．ある電圧値 x_0〔V〕を基準にして x_1〔V〕の倍率を表すと，x〔倍〕$= x_1$〔V〕$/x_0$〔V〕となる．x〔倍〕は式 (3.21) により X〔dB〕に変換される．

$$X = 20 \log_{10} x = 20 \log_{10} \frac{x_1}{x_0} = 20 \log_{10} x_1 - 20 \log_{10} x_0 \tag{3.21}$$

X を"dB 値"というのに対して x を"真数"という．

　dB 値 X から真数 x に変換するには，式 (3.21) を変形して
$$x = 10^{\frac{X}{20}} \tag{3.22}$$
となる．電流比も電圧比と同じ変換式であるが，電力比は係数が異なる．

　電力 p_1〔W〕は p_0〔W〕の p_1/p_0 倍である．これを p〔倍〕として P〔dB〕に変換すると

$$P = 10 \log_{10} p = 10 \log_{10} \frac{p_1}{p_0} = 10 \log_{10} p_1 - 10 \log_{10} p_0 \tag{3.23}$$

[†] 電話機の発明者グラハム・ベルの名に由来する電力単位〔Bell〕の 1/10 の意味．

となる．この逆変換は
$$p = 10^{\frac{P}{10}} \tag{3.24}$$
である．電圧比・電流比と電力比の変換式で係数が異なるのは，電力は電圧または電流の2乗に比例することと整合をとるためである．この結果，信号や雑音の大きさの比を電圧または電流の比からデシベルに変換しても，電力比から変換しても同じ値になるのである．雑音指数は電力比であるから式 (3.23)，(3.24) を用いる．

真数と dB 値を相互変換する際に覚えておくと便利な値を，表 3.2 にまとめた．真数の乗除算は対数の加減算に対応するから，代表値の組合せである程度の変換が可能である．例えば，電力比4倍（$= 2 \times 2$）は $3\,\mathrm{dB} + 3\,\mathrm{dB} = 6\,\mathrm{dB}$ となる．

表 3.2 真数と dB 値の換算例

電力比	2倍，1/2倍	3倍，1/3倍	5倍，1/5倍
電圧比，電流比	$\sqrt{2}$ 倍，$1/\sqrt{2}$ 倍	$\sqrt{3}$ 倍，$1/\sqrt{3}$ 倍	$\sqrt{5}$ 倍，$1/\sqrt{5}$ 倍
dB	ほぼ 3 dB，-3 dB $10\log_{10}2 \fallingdotseq 3.01$	ほぼ 5 dB，-5 dB $10\log_{10}3 \fallingdotseq 4.77$	ほぼ 7 dB，-7 dB $10\log_{10}5 \fallingdotseq 6.99$

【例題 3.1】 信号を 40 dB 増幅する回路がある．この回路の前後で信号の電圧は何倍になるか．また，電力は何倍かを答えよ．

（解） dB 単位を真数に変換する．電圧は $10^{(40/20)} = 100$ 倍，電力は $10^{(40/10)} = 10\,000$ 倍． ◆

3.5.2 絶対表現

物理量の次元を持つ数値を対数表現するときには，基準となる単位を定め，dB の後に関連する記号を付して表す．電気通信の分野でよく使われる dB による絶対表現の例を表 3.3 に示す．

例えば，電力値 5 W は 1 W の 5 倍だから $10\log_{10}5 \fallingdotseq 7$ dBW であり，また，1 mW を基準にすると 5 000 倍だから $10\log_{10}5\,000 \fallingdotseq 37$ dBm になる．0 dBm は式 (3.24) と表 3.3 より $p_1 = p_0 = 1$ mW $= 10^{-3}$ W．また，これにより

3.5 大きさの対数表現(デシベル)

表3.3 dBによる絶対表現の例

単位名	物理量	基準値
dBW	電　力〔式 (3.23), (3.24)〕	$p_0 = 1\,\mathrm{W}$
dBm	電　力〔式 (3.23), (3.24)〕	$p_0 = 1\,\mathrm{mW}$
dBμ または dBμV	電　圧〔式 (3.21), (3.22)〕	$x_0 = 1\,\mathrm{\mu V}$
dBμV/m	電界強度〔式 (3.21), (3.22)〕	$x_0 = 1\,\mathrm{\mu V/m}$

$0\,\mathrm{dBm} = -30\,\mathrm{dBW}$ となることがわかる。

3.5.3 レベルダイアグラム

信号がさまざまな経路で伝達されるときその大きさが変化する。経路に沿って信号強度をグラフ化したものを,**レベルダイアグラム**(level diagram)という(**図3.6**)。

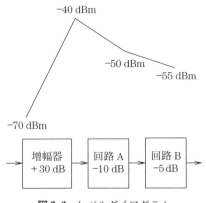

図3.6 レベルダイアグラム

信号は増幅器によって強度が増し,ケーブルや無線伝送路などを通過すると減衰する。このような信号強度の増減は,通常,真数による比率ではなくdB値を用いることで,レベルダイアを dB 値の加減算で求める。図3.6 の例では,入力信号の強度が $-70\,\mathrm{dBm}$ であるとき,回路 B からの出力信号の強度が $-70\,\mathrm{dBm} + 30\,\mathrm{dB} - 10\,\mathrm{dB} - 5\,\mathrm{dB} = -55\,\mathrm{dBm}$ であることを示している。もし入力信号の強度が電圧値(例えば $30\,\mathrm{dB\mu V}$)で与えられれば,回路

Bからの出力信号の強度も電圧値（30 dBμV + 30 dB − 10 dB − 5 dB = 45 dBμV）になる。

【例題 3.2】 40 dB の増幅器に −70 dBm の信号を入力した。出力信号の電力を dBm と dBW で示せ。

（**解**）　40 dB − 70 dBm = −30 dBm = −60 dBW　　　　　　　　　　◆

【例題 3.3】 40 dB の増幅器に 26 dBμV の信号を入力した。出力電圧を dBμV と mV で答えよ。

（**解**）　40 dB + 26 dBμV = 66 dBμV = $10^{(66/20)}$ μV ≒ 2 000 μV = 2 mV

なお，dB は慣れるまで検算や確認をするほうがよい。40 dB は電圧換算で 100 倍，26 dBμV は真数で $10^{(26/20)}$ ≒ 20 μV。よって，出力は 20 μV × 100 倍 = 2 000 μV = 2 mV となり，$20 \log_{10} 2000$ ≒ 66 dBμV となる。　◆

章 末 問 題

3.1 次の量を mW 単位と W 単位に変換せよ。
（1）　−60 dBm，（2）　13 dBW，（3）　20 dBm

3.2 次の量を括弧内の単位で表せ。
（1）　0.1 mV（dBμ），（2）　10 mW（dBW），（3）　40 dBμV/m（μV/m）

3.3 平均 0，標準偏差 σ のガウス分布に従う独立した確率変数 x, y がある。$r = \sqrt{x^2 + y^2}$ の確率密度がレイリー分布となることを示せ。

3.4 周辺温度 27 ℃ の環境で，帯域幅 20 MHz の回路が発生する最大有効雑音電力を W と dBm の単位で求めよ。

3.5 雑音指数 6 dB，利得 8 dB，帯域幅 20 kHz の増幅器を 2 段縦続接続した。周囲温度 27 ℃ として，この回路の雑音指数を求めよ。

4

アナログ変復調

4.1 変復調の役割と種類

変調(modulation)とは,伝送する信号波形を異なる周波数成分を持つ別の波形に変換することで,その逆の操作を**復調**(demodulation)という。複数の信号を多重化して1本の回線で伝送する場合や,無線伝送する場合に変復調が必要になる。伝送路の周波数特性に合わせて信号伝送するときも変復調に相当する操作が必要になる。変復調装置を**モデム**(modem)というが,これは変調と復調の先頭3文字(mod, dem)から取ったものである。変復調による信号変換を**図4.1**に,変調器の入出力を**図4.2**に示す。

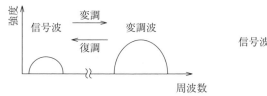
図 4.1　変復調による信号変換

図 4.2　変調器の入出力

送信する原信号(ベースバンド信号)を**変調信号**というが,波形に着目した名称である**信号波**(signal wave)ということも多い。変調は**搬送波**(carrier)と呼ばれる単一周波数の正弦波†を,信号波によってわずかに変化させ,**変調**

---
† 本書では余弦波を用いて説明するが,広義の意味で「正弦波」を用いる。

波（modulated wave）を生成する。変調波で表される信号を**被変調信号**という。搬送波は信号波を運ぶための電気信号ととらえることができる。変調方式の種類は、搬送波の何を変化させるのかによって分類される。信号波に応じて搬送波の振幅を変化させる変調方式を**振幅変調**（amplitude modulation；AM）、周波数を変化させる方式を**周波数変調**（frequency modulation；FM）、位相を変化させる方式を**位相変調**（phase modulation；PM）という。時刻を t、信号波を $x(t)$、搬送波を $A_c \cos(2\pi f_c t)$ とすると、AM の変調波 $e_{AM}(t)$、FM の変調波 $e_{FM}(t)$、PM の変調波 $e_{PM}(t)$ は、それぞれ式 (4.1) のように表せる。

$$\left.\begin{aligned} e_{AM}(t) &= A(t)\cos(2\pi f_c t) \\ e_{FM}(t) &= A_c \cos\left\{2\pi\left[f_c t + \int \Delta f(t)dt\right]\right\} \\ e_{PM}(t) &= A_c \cos[2\pi f_c t + \Delta\phi(t)] \end{aligned}\right\} \tag{4.1}$$

ここで、A_c は搬送波の振幅、f_c は搬送波周波数でそれぞれ定数である。$A(t)$、$\Delta f(t)$、$\Delta\phi(t)$ はそれぞれ信号波によって変化する。それらと信号波 $x(t)$ との具体的な関係は次節以降に述べる。

4.2 振 幅 変 調

振幅変調の変調波（AM 波）$e_{AM}(t)$ は、信号波を $x(t)$、$|x(t)|$ の最大値を 1、搬送波振幅を A_c、搬送波周波数を f_c として式 (4.2) で表せる。

$$e_{AM}(t) = A_c[1 + mx(t)]\cos(2\pi f_c t) \tag{4.2}$$

ここで、m を**変調度**（または**変調指数**）と呼び、通常は 1 以下に設定する。

簡単のため $x(t) = \cos(2\pi f_m t)$ とすると、AM 波 $e_{AM}(t)$ は式 (4.3) のように表せる。

$$\begin{aligned} e_{AM}(t) &= A_c[1 + m\cos(2\pi f_m t)]\cos(2\pi f_c t) \\ &= A_c \cos(2\pi f_c t) + \frac{mA_c}{2}\{\cos[2\pi(f_c - f_m)t] + \cos[2\pi(f_c + f_m)t]\} \end{aligned}$$
$$\tag{4.3}$$

これらの信号波 $x(t)$，搬送波と AM 波 $e_{\text{AM}}(t)$ を示したものが**図 4.3** である。図ではわかりやすさのため f_c と f_m の比を 16 にして描いているが，一般には相当大きな比となり，搬送波の振動が塗りつぶされて見えない程度になる。この AM 波のスペクトルを示したのが**図 4.4** である。これは電力スペクトルではなく，各周波数成分の振幅を示している。搬送波より高い周波数成分を上側波，低いほうを下側波という。変調信号 $x(t)$ が f_m までの周波数成分を有するときの AM 波のスペクトル例を**図 4.5** に示す。搬送波周波数 f_c を中心に $\pm f_m$

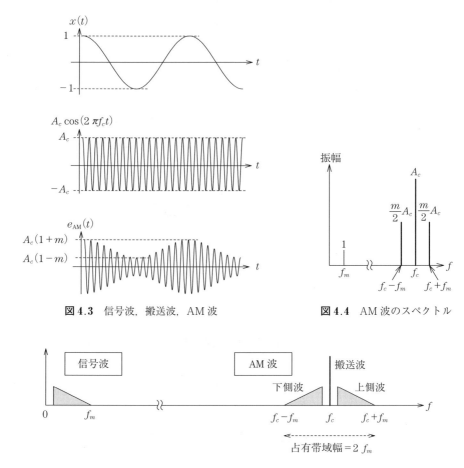

図 4.3 信号波，搬送波，AM 波

図 4.4 AM 波のスペクトル

図 4.5 一般的な AM 波のスペクトル

の幅を持つことがわかる。これを**占有帯域幅**†といい，AM 波では変調信号が有する最高周波数の 2 倍となる。また，図 4.5 からわかるように，AM 波の中で情報を運ぶ成分は上側波と下側波であり，搬送波成分は情報伝送に寄与しないにもかかわらず，大きな振幅になっている。すなわち，AM 波には情報を伝送していない電力成分が含まれている。

AM 波には搬送波成分と上下の両側波帯（double side band；DSB）が存在するが，搬送波成分を除去して送信電力を軽減する両側波帯変調（DSB-suppressed carrier；DSB-SC）や，さらに片側の側波帯のみを送信することで占有帯域幅を減らす単側波帯（single side band；SSB）変調がある。SSB 変調には上側波帯（upper side band；USB）を残す方法と下側波帯（lower side band；LSB）を残す方法がある。DSB-SC 波は式 (4.4) のような形式で表される。

$$e_{\text{DSB-SC}}(t) = A_c\, x(t) \cos(2\pi f_c t) \tag{4.4}$$

さまざまな側波帯変調と区別するため，式 (4.2) で表される振幅変調を DSB-WC（DSB with carrier）と書くことがある。側波帯変調波のスペクトルを**図 4.6** に示す。

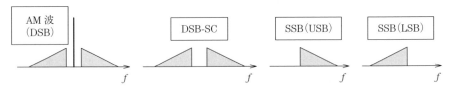

図 4.6 側波帯変調波のスペクトル

4.3 周波数変調（FM）

FM 波は，信号波 $x(t)$ に応じて搬送波の周波数を変化させる。FM 波の中心周波数を f_c とすると，瞬時周波数は $f_c + \Delta f x(t)$ となる。ここで，$|x(t)| \leq 1$ とすると Δf は**最大周波数偏移**である。瞬時周波数は一般に一定で

---

† 電波法では，輻射電力の 99 % が含まれる幅を「占有周波数帯域幅」としている。

4.3 周波数変調（FM）

はないから，位相変化量はその時間積分で与えられる．よってFM波は，A_cを搬送波の振幅として，式(4.5)で表される．

$$e_{\mathrm{FM}}(t) = A_c \cos\left[2\pi f_c t + 2\pi\Delta f \int x(t)dt\right] \qquad (4.5)$$

簡単のため $x(t) = \cos(2\pi f_m t)$ とすると，FM波は式(4.6)のようになる．

$$\begin{aligned}
e_{\mathrm{FM}}(t) &= A_c \cos\left[2\pi f_c t + 2\pi\Delta f \int \cos(2\pi f_m t)dt\right] \\
&= A_c \cos\left[2\pi f_c t + \frac{\Delta f}{f_m}\sin(2\pi f_m t)\right] \\
&= A_c \cos[2\pi f_c t + m \sin(2\pi f_m t)]
\end{aligned} \qquad (4.6)$$

$m = \Delta f/f_m$ はFM波の変調指数である．式(4.6)の波形を**図 4.7**に示す．FM波の振幅は一定で，信号波の値に応じてFM波の振動数が変化することがわかる．

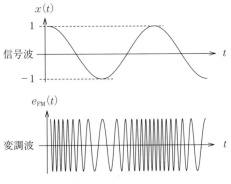

図 4.7 FM波の波形

このスペクトルを求めるため，三角関数の加法定理と下記の公式(4.7)を用いて式(4.6)を変形すると，式(4.8)を得る．

$$\left.\begin{aligned}
\cos(z\sin\theta) &= J_0(z) + 2\sum_{n=1}^{\infty} J_{2n}(z)\cos(2n\theta) \\
\sin(z\sin\theta) &= 2\sum_{n=1}^{\infty} J_{2n-1}(z)\sin[(2n-1)\theta]
\end{aligned}\right\} \qquad (4.7)$$

$$e_{\mathrm{FM}}(t) = A_c \left\{\cos(2\pi f_c t)\left[J_0(m) + 2\sum_{n=1}^{\infty} J_{2n}(m)\cos(2n\cdot 2\pi f_m t)\right.\right.$$

$$
\begin{aligned}
&\quad - \sin(2\pi f_c t)\left\{2\sum_{n=1}^{\infty} J_{2n-1}(m)\sin[(2n-1)\cdot 2\pi f_m t]\right\}\bigg\} \\
&= A_c J_0(m)\cos(2\pi f_c t) \qquad\qquad\qquad\qquad\qquad\text{：搬送波成分}\\
&\quad + A_c J_1(m)\{\cos[2\pi(f_c+f_m)t] - \cos[2\pi(f_c-f_m)t]\} \quad\text{：第1側波帯}\\
&\quad + A_c J_2(m)\{\cos[2\pi(f_c+2f_m)t] + \cos[2\pi(f_c-2f_m)t]\};\text{第2側波帯}\\
&\quad + A_c J_3(m)\{\cos[2\pi(f_c+3f_m)t] - \cos[2\pi(f_c-3f_m)t]\};\text{第3側波帯}\\
&\quad + \cdots \tag{4.8}
\end{aligned}
$$

ここで，$J_n(x)$ は n 次の第1種ベッセル関数であり，**図4.8**に示すような形状である。

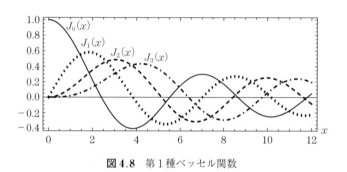

図 **4.8** 第1種ベッセル関数

式 (4.8) 最右辺の第1項は搬送波成分，第2項は第1側波帯の上下成分，第3項は第2側波帯の上下成分である。これらをFM波のスペクトルとして図示すると**図4.9**のようになる。ただし，縦軸は振幅の大きさを示している。

変調指数 m が十分小さければ，第1種ベッセル関数の近似式 $J_n(m) \sim$

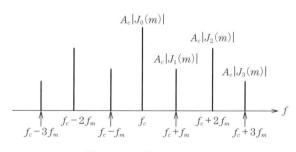

図 **4.9** FM波のスペクトル

$(1/n!)\cdot(m/2)^n$ より，m の2次以上の項を無視して，$J_0(m)\sim 1$，$J_1(m)\sim m/2$，$J_n(m)\sim 0$，ただし，$n\geq 2$ とおける．すなわち，変調指数 m が十分小さいとき FM 波のスペクトルが AM 波のそれと同等になる．このような周波数変調を，特に**狭帯域周波数変調**という．

　変調指数 m が小さくない周波数変調を**広帯域周波数変調**という．振幅変調と異なり，周波数変調では変調指数 m を1より大きく設定できる．その場合，周波数スペクトルは厳密には無限に広がる．式 (4.8) より，n を整数として，周波数 $f_c \pm nf_m$ の成分 $|J_n(m)|$ がゼロにならないからである．しかし，変調指数 m を固定して n を大きくすると $J_n(m)$ は振動しながらゼロに近づくため，実質的には $B = 2(\Delta f + f_m) = 2(m+1)f_m$ を占有帯域幅と考えることができる．この帯域を**カーソン帯域**という．ここで，f_m は信号波に含まれる最大周波数成分である．

4.4　位相変調（PM）

　PM 波は，式 (4.9) で表される．$|x(t)|\leq 1$ とすると，$\Delta\phi$ は**最大位相偏移**である．

$$e_{\text{PM}}(t) = A_c \cos\left[2\pi f_c t + \Delta\phi x(t)\right] = A_c \cos\left[2\pi f_c t + \Delta\phi \int \frac{dx(t)}{dt}\,dt\right] \tag{4.9}$$

式 (4.5) と比較すれば，PM 波は信号波 $x(t)$ を時間微分して周波数変調を施した FM 波と等価であることがわかる．同様に，FM 波は時間積分した信号波による PM 波と等価になる．FM 波と PM 波はどちらも変調波の振幅が一定で位相角に変化を与える変調方式であり，両者を合わせて**角度変調**という．

4.5　AM 検　　波

　受信機は一般に，同調，復調，低周波増幅の機能で構成される．同調とは目

的とする変調波を選択する機能であり，復調は変調波から変調信号（原信号）を取り出す．その信号は弱いため，通常は低周波増幅により信号を増幅する．AM 波の復調（検波）方法として，包絡線検波，二乗検波，同期検波がある．

4.5.1 包絡線検波

包絡線検波は，受信した AM 波を整流して正の半周期のピーク値までコンデンサで充電させ，負の半周期の間に時定数 CR で放電させる．時定数 CR を信号波 $x(t)$ の時間変動より十分短く，かつ，搬送波の半周期より十分長く取ることで AM 波の正側包絡線に近い波形を得ることができる（図 4.10）．

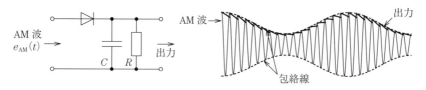

図 4.10　包絡線検波

4.5.2 二乗検波

入出力の関係が 2 乗となる素子，例えばトランジスタなどの増幅器やダイオードを用いて，受信した AM 波の 2 乗波形を生成し，低域通過フィルタを用いて信号波を取り出す方法である．式 (4.2) で与えられる AM 波の 2 乗波 $e_{\mathrm{AM}}{}^2(t)$ は式 (4.10) のように変形できるから，ベースバンド近辺と搬送波周波数の 2 倍の帯域に成分を有することがわかる．

$$e_{\mathrm{AM}}{}^2(t) = A_c{}^2[1 + 2\,mx(t) + m^2 x^2(t)] \cdot \frac{1 + \cos(4\,\pi f_c t)}{2} \quad (4.10)$$

この 2 乗波からフィルタで信号波成分 $mA_c{}^2 x(t)$ を取り出す．ただし，信号波の高調波成分 $m^2 A_c{}^2 x^2(t)/2$ が，信号波の帯域に入り込む場合，歪みとして出力に残る．この歪み成分は $m|x(t)|<1$ であるから，信号波成分に比べて小さくなる．

4.5.3 同期検波

搬送波を受信側で再生してAM波に乗じ，その低域成分をフィルタにより取り出す．搬送波の位相を受信波と合わせる必要がある．

$$e_{\text{AM}}(t)\cos(2\pi f_c t)$$
$$= A_c[1 + mx(t)]\cos^2(2\pi f_c t)$$
$$= \frac{A_c}{2}[1 + mx(t)][1 + \cos(4\pi f_c t)] \tag{4.11}$$

AM波と再生搬送波を乗じる図4.11の乗算器は，DSB-SC変調にも用いられる．実現する回路の一つに図4.12に示すリング変調器がある．リング変調器は二つの変成器と四つのダイオードで構成される．入力波$x(t)$に比べて再生搬送波成分$c(t)$の

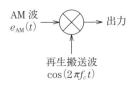

図4.11 同期検波

振幅は十分大きいとすると，$c(t)$が正のときダイオードD_1とD_2が導通し，D_3とD_4は非導通（抵抗∞），$c(t)$が負のときにはD_3とD_4が導通し，D_1とD_2が非導通となる．その結果，$c(t)$の符号によって$x(t)$の極性が反転した信号$e(t)$が出力される．$c(t)$が図4.12のような周波数f_cの矩形波とすると，$c(t)$は式(4.12)のフーリエ級数で表せる．

$$c(t) = \frac{4}{\pi}\sum_{n=1}^{\infty}\frac{(-1)^{n-1}}{2n-1}\cos[2\pi(2n-1)f_c t] \tag{4.12}$$

出力信号$e(t)$は$c(t)$と$x(t)$の積だから

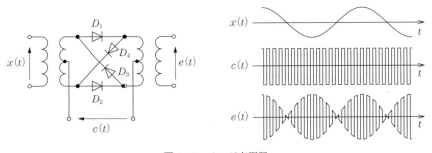

図4.12 リング変調器

$$e(t) = c(t)x(t) = \frac{4}{\pi} \sum_{n=1}^{\infty} \frac{(-1)^{n-1}}{2n-1} \cos[2\pi(2n-1)f_c t]x(t) \quad (4.13)$$

である。出力信号に含まれる $n>1$ の高調波成分をフィルタにより除去すると，入力波と搬送波との積 $x(t)\cos(2\pi f_c t)$ が得られる。歪みなく信号を取り出すためには，入力信号のスペクトルが高調波成分によって重なり合わないことが必要であるが[†]，通常この条件は満たされている。

4.6 FM 検 波

FM 波の検波には，周波数の変化を電圧の変化に変換する回路（周波数弁別器；frequency discriminator）が用いられる。代表的な回路として，複共振回路，フォスター–シーリー（Foster-Seely）回路，比検波回路などがある。FM 検波では周波数弁別器により FM 波を AM 波に変換し，AM 検波を適用する。今日では，集積回路を用いたパルスカウント復調や PLL 復調が用いられることが多い。

フォスター–シーリー回路の動作を説明する。図 4.13 において，左側から FM 波が入力され，右側の端子から信号波を出力する。ここで，C_0 と C のインピーダンスは L_0 に比べて十分小さいので，L_0 の両端に生じる電圧は v_i と

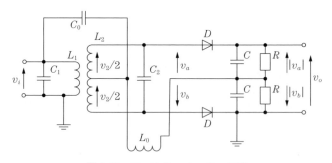

図 4.13　フォスター–シーリー回路

[†] $x(t)$ が信号波で，その最高周波数が f_m であれば $f_m < f_c$ となる必要がある。復調に用いる場合は，入力信号の占有帯域幅 B が $2f_c$ 未満となる必要がある。

見なせる。2次側のコイルL_2とコンデンサC_2の共振周波数は入力FM波の中心周波数に等しい。C_2の両端に生じる電圧v_2はv_iより位相が進む。その位相差は共振時（$f=f_c$）に90°，$f<f_c$のときに90°より大きくなり，$f_c<f$のとき90°より小さくなる。ダイオードDから右側の回路は包絡線検波回路であり，上側の入力電圧v_aと下側の入力電圧v_bは図4.14のように合成される。上下にある二つの包絡線検波回路によって，電圧v_a，v_bに含まれる搬送波成分は消失し，それらの包絡線波形$|v_a|$，$|v_b|$が回路の右側にそれぞれ生じる。その大きさは周波数によって図4.15のように変化し，搬送波周波数f_cの近辺では出力電圧$v_0 = |v_a| - |v_b|$は周波数fに比例すると見なすことができる。

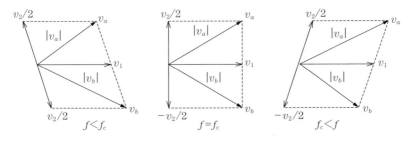

図4.14　フォスター-シーリー回路内電圧の関係

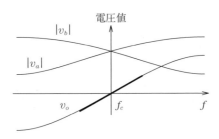

図4.15　出力電圧v_oと周波数の関係

　フォスター-シーリー回路は，入力信号v_iに振幅変動があると出力信号に影響があるため，入力の前段に定振幅回路が必要である。比検波回路はこれを改善したものであり，回路の違いはわずかであるが，入力信号の振幅変動に影響を受けにくい構成になっている。

4.7 AM 検波と FM 検波の品質

アナログ信号の品質を表す指標として信号電力と雑音電力の比〔SN 比, S/N あるいは SNR (signal power to noise power ratio) とも書く〕がある。一般にこの値が大きいほど品質がよいといえる。ここでは AM 波と FM 波の SN 比を考える。

4.7.1 AM 検波の品質

検波器に AM 波 $e_{AM}(t)$ と雑音成分 $n(t)$ が入力されるとする。$n(t)$ を搬送波の sin 成分と cos 成分で分けて

$$n(t) = n_c(t) \cos(2\pi f_c t) - n_s(t) \sin(2\pi f_c t) \tag{4.14}$$

と表すと、検波器に入力される信号 $r(t)$ は式 (4.15) のように書ける。

$$\begin{aligned} r(t) &= e_{AM}(t) + n(t) = A_c[1 + mx(t)]\cos(2\pi f_c t) + n(t) \\ &= A(t) \cos[2\pi f_c t + \theta(t)] \end{aligned} \tag{4.15}$$

$$\left.\begin{aligned} A(t) &= \sqrt{\{A_c[1 + mx(t)] + n_c(t)\}^2 + n_s^2(t)} \\ \theta(t) &= \tan^{-1} \frac{n_s(t)}{A_c[1 + mx(t)] + n_c(t)} \end{aligned}\right\} \tag{4.16}$$

搬送波振幅 A_c が十分大きいとき $r(t)$ の包絡線 $A(t)$ は、式 (4.17) で近似される[†]。

$$A(t) \simeq A_c[1 + mx(t)]\left\{1 + \frac{2n_c(t)}{A_c[1 + mx(t)]}\right\}^{1/2} \simeq A_c[1 + mx(t)] + n_c(t) \tag{4.17}$$

右辺第 1 項の直流成分はフィルタで除外され、$A_c mx(t) + n_c(t)$ が得られる。

検波された信号に含まれる信号電力 S と雑音電力 N は式 (4.18) で表せる。

$$S = E_t\{[A_c mx(t)]^2\} = A_c^2 m^2 \overline{x^2}, \quad N = E_t[n_c^2(t)] = \overline{n_c^2} \tag{4.18}$$

ここで、$E_t[\cdot]$ は t に関する時間平均を意味し、次式で表される。

[†] 公式 $(1 + x)^\alpha \simeq 1 + \alpha x$, if $|x| \ll 1$ を用いる。

$$E_t[z(t)] = \bar{z} = \lim_{T \to \infty} \frac{1}{T} \int_{-T/2}^{T/2} z(t) dt$$

一方，検波器への入力信号に含まれる信号電力 S_i と雑音電力 N_i は式 (4.19) のように表される．

$$\left. \begin{aligned} S_i &= E_t[\{A_c[1 + mx(t)]\cos(2\pi f_c t)\}^2] = \frac{1}{2} A_c^2 (1 + m^2 \overline{x^2}) \\ N_i &= E_t[n^2(t)] = \overline{n^2} = \frac{1}{2}(\overline{n_c^2} + \overline{n_s^2}) = \overline{n_c^2} \end{aligned} \right\} \quad (4.19)$$

一般に，信号波の直流成分はなく（$\bar{x} = 0$），雑音の sin 成分と cos 成分の電力は等しい（$\overline{n_c^2} = \overline{n_s^2}$）と見なせるから，式 (4.19) ではそれらの条件を前提としている．

以上から AM 検波前後の SN 比には式 (4.20) の関係がある．

$$\frac{S}{N} = \frac{A_c^2 m^2 \overline{x^2}}{\overline{n_c^2}} = \frac{2m^2 \overline{x^2}}{1 + m^2 \overline{x^2}} \frac{S_i}{N_i} \quad (4.20)$$

$x(t) = \cos(2\pi f_m t)$ とすると，$\overline{x^2} = 1/2$ だから

$$\frac{S}{N} = \frac{2m^2}{2 + m^2} \frac{S_i}{N_i} \quad (4.21)$$

AM では $m < 1$ であるから，受信信号の SN 比である S_i/N_i より，検波後の S/N が低下することがわかる．

4.7.2 FM 検波の品質

式 (4.5) の FM 波に雑音 $n(t)$ が加わり，$r(t) = e_{\text{FM}}(t) + n(t)$ が検波器に入力されるとする．受信信号 $r(t)$ は **図 4.16** に示すベクトルで表すことができる．ここで，ϕ は FM 波 $e_{\text{FM}}(t)$ の位相であり，$\phi = 2\pi\Delta f \int x(t)dt$，$\theta$ は受信波 $r(t)$ の位相である．FM 波の振幅 $|e_{\text{FM}}(t)| = A_c$ が雑音の振幅 $|n(t)|$ に比べて十分大きいとすると，$\theta - \phi = \Delta\theta \cong [|n(t)|\sin\phi_0]/A_c$ となる．$|n(t)|\sin\phi_0$ は白色雑音と見なすことができる．$|n(t)|\sin\phi_0 = n_0(t)$ として

$$\theta = \phi + \Delta\theta \cong 2\pi\Delta f \int x(t)dt + \frac{n_0(t)}{A_c} \quad (4.22)$$

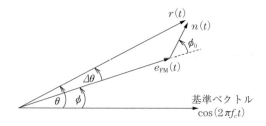

図 4.16 FM 波の検波

と書ける。

検波器の出力 $v(t)$ は

$$v(t) = \frac{1}{2\pi}\frac{d\theta}{dt} = \Delta f x(t) + \frac{1}{2\pi A_c}\frac{dn_0(t)}{dt} \tag{4.23}$$

となる。右辺の第 1 項は信号波成分，第 2 項は雑音成分である。$n_0(t)$ は白色雑音だから，その周波数スペクトル $\mathcal{F}[n_0(t)]$ の大きさは一定になる（→ 3.3.2 項）。検波出力 $v(t)$ に含まれる雑音成分の周波数特性は，$1/(2\pi A_c)\cdot\mathcal{F}[dn_0(t)/dt] = j(f/A_c)\mathcal{F}[n_0(t)]$ となるから，周波数に比例して大きくなることがわかる。電力は電圧の大きさの 2 乗に比例するので，雑音電力密度は周波数の 2 乗に比例して大きくなる（**図 4.17**）。

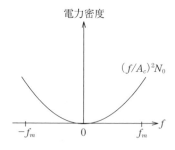

図 4.17 FM 検波後の雑音電力密度

受信信号 $r(t)$ に含まれる信号波の電力は $S_i = A_c^2/2$，雑音電力は $N_i = BN_0$ である。ここで，B は FM 波の占有帯域幅，N_0 は雑音電力密度を表す。出力信号 $v(t)$ に含まれる信号電力は $S = \Delta f^2 \overline{x^2}$，雑音電力は $N = \int_{-f_m}^{f_m}(f/A_c)^2 N_0\,df$

$= 2f_m{}^3 N_0/(3A_c{}^2)$ となる。f_m は信号波 $x(t)$ に含まれる最大周波数である。カーソン帯域 $B = 2(\Delta f + f_m)$ を適用すると

$$\frac{S}{N} = \Delta f^2 \overline{x^2} \cdot \frac{3A_c{}^2}{2f_m{}^3 N_0} = 6m^3 \left(1 + \frac{1}{m}\right) \overline{x^2} \cdot \frac{S_i}{N_i} \tag{4.24}$$

となる。m は FM の変調指数であり、m が 1 より十分小さい狭帯域 FM であれば

$$\frac{S}{N} \cong 6m^2 \overline{x^2} \cdot \frac{S_i}{N_i} \tag{4.25}$$

m が十分大きい広帯域 FM であれば

$$\frac{S}{N} \cong 6m^3 \overline{x^2} \cdot \frac{S_i}{N_i} \tag{4.26}$$

と近似できる。信号波を $x(t) = \cos(2\pi f_m t)$ とすると、式 (4.26) は $S/N \cong 3m^3 (S_i/N_i)$ となる。FM では変調指数 m を大きくするほど、すなわち占有帯域幅 B を広くするほど、検波後の SN 比が改善する。これを**広帯域利得**という。しかし、入力 SN 比 S_i/N_i が小さい領域では式 (4.22) の近似が成立せず、広帯域利得は失われる。図 4.16 において、雑音の振幅 $|n(t)|$ が FM 波の振幅 $|e_{FM}(t)| = A_c$ に比べて無視できないとき、雑音 $n(t)$ の向き ϕ_0 によっては、受信信号の位相 θ が 2π 飛ぶ（逆方向に変化する）可能性があることがわかるであろう。この急激な変化がパルス性の雑音となり、検波性能が急激に劣化するのである。これを**スレッショルド効果**という。広帯域利得を得るには一定値以上の入力 SN 比が必要となる。検波前後の SN 比の関係を**図 4.18**に示す。

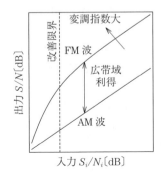

図 4.18 検波前後の SN 比の関係

4.7.3 プリエンファシスとディエンファシス

前述のように，FM 波を復調して信号波を取り出すと，周波数が高いほど雑音が大きくなる特徴がある（図 4.17）。これは好ましい特性ではないので，雑音レベルの周波数特性を平たんにするために**プリエンファシス**（pre-emphasis）と**ディエンファシス**（de-emphasis）が行われる（**図 4.19**）。プリエンファシスとは，送信側で原信号の周波数特性を補正して高域を強調した変調信号を生成する。受信側ではこの逆操作，すなわち高域を抑圧するディエンファシスを行い，原信号を再生する。ディエンファシスを行うことで FM 検波後の雑音の高域成分が抑圧され，復調した信号波に含まれる雑音の周波数特性を平たんにすることができる。

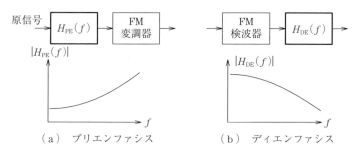

図 4.19　プリエンファシスとディエンファシス

章 末 問 題

4.1 変調指数が以下の値であるとき，復調後の SN 比が 50 dB となる入力 SN 比を求めよ。変調信号の 2 乗平均値は 0.5 とする。
　（1）　AM 波の変調度 = 30 %　　（2）　FM 波の変調指数 = 5
4.2 30 Hz の変調信号を，最大周波数偏移 480 Hz で周波数変調したときの占有帯域幅（カーソン帯域）を求めよ。また，それは AM 波の占有帯域幅の何倍か。
4.3 振幅変調と周波数変調を，伝送品質と伝送コスト（送信電力，占有帯域幅，送受信機の複雑さなど）の観点で比較し，簡潔に述べよ。

5

ディジタル変復調

5.1 アナログとディジタルの形式上の違い

analogous は「相似の，類似の」を意味し，アナログ伝送は，伝達したい信号波形に相似もしくは類似の電気信号波形を伝送する形式である。伝送する信号の値は連続して変化する。一方，digit は指もしくは指で数えられる数を意味しており，ディジタル伝送では，伝送する信号の値が離散的に変化する（**図 5.1**）。

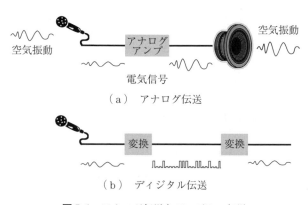

図 5.1 アナログ伝送とディジタル伝送

人が見聞きする光や音の強弱は，一般に連続して変化するアナログ量であり，これらをディジタル伝送するときには形式変換が必要である。アナログからディジタルへの変換を A-D 変換，その逆を D-A 変換という。

5.2 アナログ-ディジタル変換

アナログ信号の標本化と量子化によってディジタル変換がなされる。**図 5.2**は，アナログ信号からディジタル信号へ変換する様子を示している。

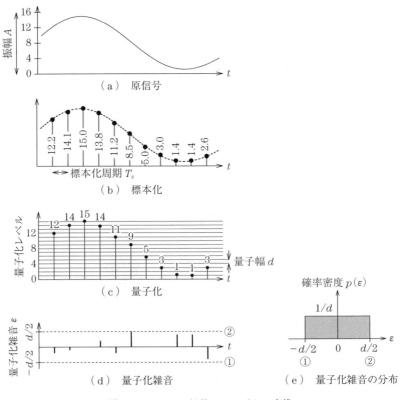

図 5.2 アナログ信号のディジタル変換

（1）標本化 原信号の値を一定の時間間隔で読み取る操作を**標本化**（または**サンプリング**；sampling）という。標本化する時間間隔を標本化周期（サンプリング周期）といい，図（b）の例では T_s である。その逆数は単位時間当りの標本化回数を意味し，標本化周波数（サンプリング周波数）という。図

（b）では $1/T_s$ である。読み取った値を**標本値**（サンプル値）という。

（**2**）**量子化** 読み取ったアナログ標本値を離散的な値に置き換えることを**量子化**（quantizing）という。図（c）ではわかりやすいように値をかなり丸めているが，実際には影響が無視できる程度に量子化が行われる。

5.2.1 標本化定理（サンプリング定理）

アナログ原信号の持つ最高周波数の2倍の周波数で標本化すれば，原理的には元のアナログ信号を完全に復元することができる。これを**標本化定理**（**サンプリング定理**）という。

5.2.2 量子化雑音

量子化後の離散値と量子化前の標本値の差を，**量子化雑音**（または**量子化誤差**）という。量子化の幅（量子幅）を d とすると，図5.2（d）に示したように量子化雑音の大きさは $d/2$ 以下となり，その分布は一様と見なすことができる〔図5.2（e）〕。量子化雑音の2乗平均は**量子化雑音電力**を表す。一般に，伝送路やアナログ回路で生じる他の支配的な雑音に比べて，量子化雑音は無視できる程度に小さい。

今，量子化において標本値を Q 段階のいずれかの値に置き換えるものとする。通常 Q は2のべき乗（$Q = 2^q$）である。Q を**量子化レベル数**，q を**量子化ビット数**という。図5.2では量子化レベル数が16，量子化ビット数が4である。

今，図5.2（a）に示したように原信号の振幅が $0 \sim A$ の範囲にあり，これを q ビットで量子化するとしよう。このとき量子幅 d は，$d = A/Q = A \cdot 2^{-q}$ となる。量子化雑音の分布は図5.2（e）で示したように，$-d/2$ から $d/2$ まで一様に分布すると考えられるから，量子化雑音電力 P_ε は

$$P_\varepsilon = \int_{-\infty}^{\infty} \varepsilon^2 p(\varepsilon) d\varepsilon = \int_{-d/2}^{d/2} \frac{\varepsilon^2}{d} d\varepsilon = \frac{1}{d}\left[\frac{\varepsilon^3}{3}\right]_{-d/2}^{d/2} = \frac{d^2}{12} = \frac{A^2}{12} \cdot 4^{-q}$$

(5.1)

である。すなわち，量子化ビット数 q を1増やすと，量子化雑音電力は1/4倍

に減ることがわかる。

5.2.3 標本化された信号からの復元

標本化されたパルス列の信号を，低域通過フィルタ（low-pass filter；LPF）に通すことで原信号を復元することができる。今，**図 5.3**（a）にように，遮断周波数 f_0 より大きい成分を遮断し，それ以下の成分を通過させる理想低域フィルタを考える。通過域の振幅値は $1/(2f_0)$ である。このフィルタのインパルス応答 $h(t)$ は，フーリエ逆変換により式 (5.2) で与えられる。その波形は図（b）に示すように，時刻 $t = 0$ でピーク値 1 を取り，$1/(2f_0)$ の整数倍の時刻で 0 になる。

$$h(t) = \frac{1}{2f_0} \int_{-f_0}^{f_0} e^{-j2\pi ft} df = \frac{e^{-j2\pi f_0 t} - e^{j2\pi f_0 t}}{-j4\pi f_0 t}$$

$$= \frac{\sin(2\pi f_0 t)}{2\pi f_0 t} = \mathrm{sinc}(2f_0 t) \tag{5.2}$$

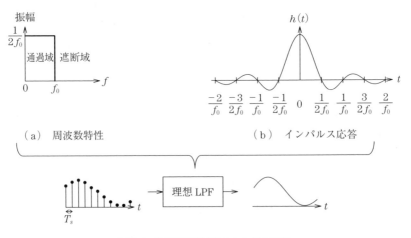

図 5.3 理想低域通過フィルタの特性

LPF に図 5.3 左下のようなパルス列が入力されると，それぞれのパルスに対応したインパルス応答が，パルス間隔 T_s ごとに出力されてそれらが足し合わされる。標本化定理に従い，原信号に含まれる最高周波数 f_m の 2 倍の周波

数で標本化すると $1/T_s = 2f_m$ の関係になる．さらに LPF の遮断周波数 f_0 を $f_0 = f_m$ に設定すると，$1/(2f_0) = T_s$ だから，時刻 $t = nT_s$ の値を p_n とするパルス列に対する LPF の出力 $s(t)$ は式 (5.3) で表される．この信号 $s(t)$ はパルス列 p_n から復元された信号にほかならない．図 5.4 に原信号の復元を示す．

$$s(t) = \sum_{n=-\infty}^{\infty} p_n h(t - nT_s) = \sum_{n=-\infty}^{\infty} p_n \frac{\sin[\pi(t/T_s - n)]}{\pi(t/T_s - n)} \tag{5.3}$$

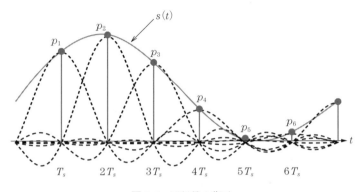

図 5.4　原信号の復元

5.3　ベースバンド伝送

ディジタル信号を伝送する方式には，高周波帯域への変換を伴わない**ベースバンド方式**と，信号帯域を高周波数帯に変換して伝送する**帯域伝送方式**がある．ベースバンド方式は，一対一での近距離有線伝送や CD（compact disk）などのメディアへの記録に用いられている．無線伝送路や周波数帯が限られた有線伝送路，あるいは多重化が必要な場合は帯域伝送方式になる．

パルス符号化変調（pulse code modulation；**PCM**）は，ベースバンド方式に属する代表的なものである．PCM では量子化した値を 2 進値で表現し，0，1 をパルスの有無もしくはパルスの極性で表す．表 5.1 に 4 ビットの符号化規則の例を示す．折返し 2 進は，入力値 0 が量子化レベルの中間に設定されているとき，最上位ビットが信号の極性を表し，残りのビットが信号の大きさを表し

5. ディジタル変復調

表5.1 4ビットの符号化規則の例

量子化レベル	自然2進	折返し2進	グレイコード	量子化レベル	自然2進	折返し2進	グレイコード
0	0000	0000	0000	8	1000	1111	1100
1	0001	0001	0001	9	1001	1110	1101
2	0010	0010	0011	10	1010	1101	1111
3	0011	0011	0010	11	1011	1100	1110
4	0100	0100	0110	12	1100	1011	1010
5	0101	0101	0111	13	1101	1010	1011
6	0110	0110	0101	14	1110	1001	1001
7	0111	0111	0100	15	1111	1000	1000

ている。**グレイコード**（Gray code）は交番2進符号ともいい，隣り合う符号がいずれも1ビットの違いとなるように構成される。後述する多値変調方式（→5.4.4項）の伝送誤りを小さくすることができる。

ベースバンド方式の伝送波形は，正負どちらかの極性を用いる単流と両方の極性を用いる複流に分けられる。また，パルスのようにビットごとにいったん電位0に戻る波形を**RZ**（return to zero），戻らない波形を**NRZ**（non return to zero）という。ベースバンド方式の伝送波形例を**図 5.5**に示す。複流波形は，直流成分がなく電位変動の影響を受けにくい。RZ波形は，ビットごとに0に戻るので受信側でタイミング再生がしやすい。一方，NRZ波形は，パルス幅が広いため高周波成分が抑えられる特徴がある。ディジタル伝送では入力信号や装置の性質，伝送路の特性に合った符号化規則と波形規則が選ばれている。

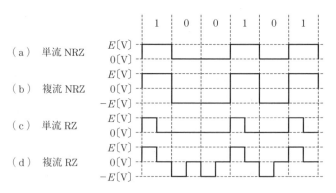

図 5.5 ベースバンド方式の伝送波形例

5.4 ディジタル変調方式

本節では，帯域伝送方式を含むディジタル変調方式について述べる。

5.4.1 ASK, FSK, PSK, APSK/QAM

ディジタル変調では，離散値で表現した送信情報に基づいて搬送波を変調し，振幅，周波数，もしくは位相を周期的に変化させる。その周期 T_s を**シンボル長**といい，その間に現れる変調波の状態を**変調シンボル**という。$1/T_s$ は単位時間当りの変調シンボル数を表す。これを**シンボルレート**もしくは**ボーレート**という。その単位は〔sps〕(symbol per second) もしくは〔baud〕である。図 5.6 にディジタル変調器の入出力を示す。

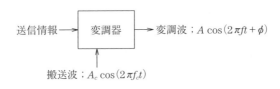

図 5.6 ディジタル変調器の入出力

表 5.2 に示すように，変化する変調波のパラメータによって変調方式の名称が異なる。最も単純な 2 値のディジタル変調波の波形を**図 5.7** に示す。図では送信情報 1 ビットごとに変調シンボルを変化させている。すなわち，ビット長 T_b とシンボル長 T_s が等しく，変調シンボルは送信情報の 0 と 1 に対応した 2 種類が必要となる。これらを 2 値変調方式という。一般に，n ビットの送信情

表 5.2 ディジタル変調方式名

偏移パラメータ	変調方式名
振幅 A	ASK (amplitude shift keying)
周波数 f	FSK (frequency shift keying)
位相 ϕ	PSK (phase shift keying)
振幅, 位相	APSK (amplitude phase shift keying), QAM (quadrature amplitude modulation)

60　5. ディジタル変復調

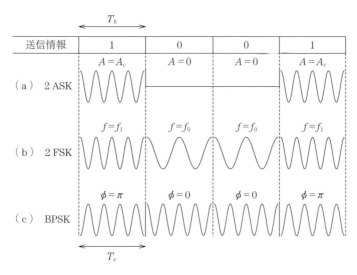

図5.7　2値のディジタル変調波の波形

報を一つの変調シンボルに対応させる場合，2^n 個の変調シンボルが必要となる。この 2^n を**変調多値数**といい，変調方式の前に付けて表すことが多い（例：2 ASK，2 FSK など）。ただし，慣例的に 2 PSK は BPSK（binary PSK），4 PSK は QPSK（quadrature PSK）と表記される。振幅および位相の両方を変化させる APSK と QAM は，おおむね変調多値数が 16 以上のときに用いられる。

5.4.2　CPFSK，MSK

FSK 波の波形が連続して変化するように位相調整した FSK を，CPFSK (continuous phase FSK) という。図5.7(b)は，変調シンボルの境界で位相が連続しており，CPFSK 波である。変調波が滑らかになることで帯域外の不要な輻射電力を抑えることができる。

　FSK が用意する変調シンボルの周波数 f_0，f_1 が式 (5.4) に示す直交条件を満たすとき，伝送誤り (→5.6節) を最小にすることができる。

$$\int_0^{T_s} \cos(2\pi f_0 t)\cos(2\pi f_1 t)dt = 0 \tag{5.4}$$

位相が連続で直交条件を満たすには

$$f_0 = \frac{k}{2T_s},\quad |f_0 - f_1| = \frac{m}{2T_s} \tag{5.5}$$

の関係が必要となる（k と m は整数）。特に $m=1$ のときスペクトルの広がり（＝占有帯域幅）が最も狭くなる。これを満たす FSK を MSK（minimum shift keying）という。図 5.7（b）は MSK 波でもある。

5.4.3 信号点配置

FSK 以外のディジタル変調波の周波数は一定であり，その振幅もしくは位相がシンボル周期で変化している。変調シンボルの取りうる振幅と位相を平面上にプロットしたものを，**信号点配置**（signal constellation）という。この平面は，横軸が搬送波と同相の成分（in-phase component）を表し，縦軸は直交する成分（quadrature-component）を表しており，**IQ 平面**と呼ばれる。信号点配置は，変調波の式を式 (5.6) に示すように展開して得られる。二つの項のそれぞれの係数（$A\cos\phi, A\sin\phi$）を平面上にプロットしたものである。

$$\begin{aligned}A\cos(2\pi f_c t + \phi) &= A\cos(2\pi f_c t)\cos\phi - A\sin(2\pi f_c t)\sin\phi \\ &= A\cos\phi\cos(2\pi f_c t) + A\sin\phi\cos(2\pi f_c t + 90°)\end{aligned} \tag{5.6}$$

2 ASK と BPSK の信号点配置を**図 5.8** に示す。

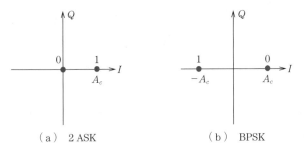

(a) 2 ASK (b) BPSK

図 5.8 2 ASK および BPSK の信号点配置

5.4.4 多値変調

複数の送信ビットを1変調シンボルに対応させる，すなわち変調多値数が4以上の変調方式を**多値変調方式**という．4値のディジタル変調波の波形を**図5.9**に示す．2ビットで表現される4パタン（00，01，10，11）に対応した4種類の変調シンボルがあり，2ビットごとに変調シンボルが変化する$T_s = 2T_b$の関係がある．

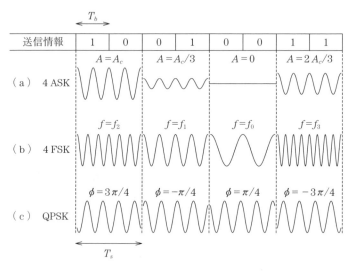

図5.9 4値のディジタル変調波の波形

4値変調方式の信号点配置を**図5.10**に示す．信号点とビットパタンの関係は**マッピング規則**（mapping rule）と呼ばれ，一般にグレイコード（→表5.1）が用いられる．変調波が雑音によって乱され誤って受信されるとき，最も間違いやすい信号点は隣り合う信号点である．よって，隣り合う信号点に割り当てるビットパタンを，1ビットしか違わないグレイコードにすることで，誤りビット数が軽減されるのである．

図5.11は，さらに変調多値数を増やした8PSK，16APSK，16QAMの信号点配置である．APSKの信号点は同心円上に配置されており，ASK波とPSK波の組合せでAPSK波をつくることができる．一方，QAMの信号点は

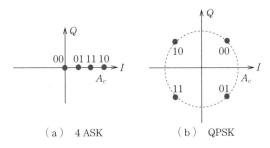

(a) 4 ASK　　　　(b) QPSK

図 5.10　4 値変調方式の信号点配置

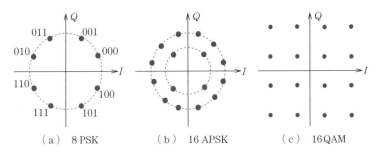

(a) 8 PSK　　　(b) 16 APSK　　　(c) 16 QAM

図 5.11　多値変調の信号点配置の例

IQ 平面で格子状になっている．二つの ASK 波を搬送波の同相成分と直交成分にそれぞれ乗じ，それらを加算することで QAM 波が生成される．

5.4.5　ディジタル変調の等価表現

ディジタル変調による波形の操作は，ベースバンド信号をシンボルに変換する操作（マッピング）と，ベースバンドから無線周波数帯へ帯域変換する操作（アップコンバージョン）に分けることができる．ディジタル変調波 $A\cos(2\pi f_c t + \phi)$ を複素形式に拡張して表し $Ae^{j(2\pi f_c t + \phi)}$ と書くと，IQ 平面上の信号点 $(A\cos\phi, A\sin\phi)$ へのマッピングは，複素平面上のシンボル $Ae^{j\phi}$ へのマッピングと等価であり，無線周波数帯への変換は $e^{j2\pi f_c t}$ との乗算で表される．このように，ディジタル変調は，図 5.12 のような構成に分解して考えることができる．

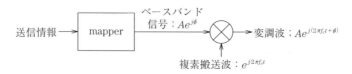

図 5.12　複素表記を用いたディジタル変調の等価表現

もし，複素表記を用いないで図 5.12 の構成を書くと，**図 5.13** のようになる（⊕ は加算器）．この図は実回路の構成に則してはいるが，表現に多くの要素が必要になる．

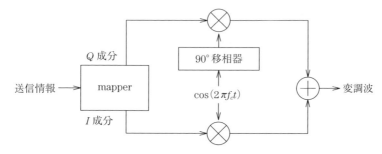

図 5.13　実信号のみで表したディジタル変調器の構成

5.4.6　帯域制限フィルタと占有帯域幅

ディジタル変調波形は，波形の不連続性によって厳密には無限に広がる周波数成分を有している．このため，実システムでは帯域制限フィルタを用いて占有帯域幅を制限する．**図 5.14** は，BPSK 変調のベースバンド波形を理想 LPF

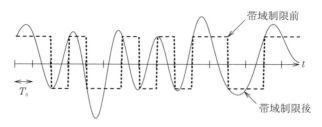

図 5.14　理想 LPF による帯域制限の例

によって帯域制限した場合の例である。ここで，BPSK のシンボル時間を T_s，理想 LPF のカットオフ周波数を $1/(2\,T_s)$ としている。帯域制限によりベースバンド信号が滑らかに変化する様子がわかる。ここで重要なことは，帯域制限した波形から変調シンボルを復元することである。図の例では，シンボルクロックに同期して T_s の時間間隔で帯域制限された信号をサンプリングすれば，元の変調シンボルを完全に取り出せることがわかる。これは，帯域制限フィルタのインパルス応答が T_s ごとにヌル（0）になる特性から得られる。このような特性を持つフィルタを，**ナイキスト フィルタ**（Nyquist filter）といい，他の変調シンボルの影響を受けることなく完全に変調シンボルを取り出せる条件を，**ナイキストの第1基準**という。この基準を満たす最小の占有帯域幅は，$1/T_s$ であり，図 5.14 で示した例が該当する。

一方，周波数特性が急峻なフィルタを実現することは一般に困難であり，徐々に信号を遮断する特性（**ロールオフ特性**という）が好まれる。このような特性を持つナイキスト フィルタとして，式(5.7)のような周波数特性を持つ**二乗余弦フィルタ**（raised-cosine filter）がしばしば用いられる。ここで，定数 $\alpha\,(0<\alpha\leq 1)$ を**ロールオフ率**といい，占有帯域幅は $(1+\alpha)/T_s$ になる。α が小さいほど占有帯域幅が狭まり，$\alpha=0$ は理想 LPF に一致する。**図 5.15** に二乗余弦フィルタの特性を，**図 5.16** に帯域制限を行うディジタル変調の構成を示す。式 (5.7) を逆フーリエ変換して得られる式 (5.8) は，二乗余弦フィルタのインパルス応答を与える。

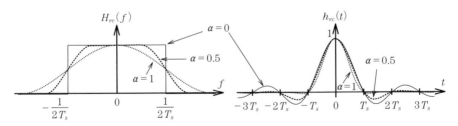

図 5.15　二乗余弦フィルタの特性

図 5.16 帯域制限を行うディジタル変調の構成

$$H_{rc}(f) = \begin{cases} T_s, & T_s|f| \leq \dfrac{1-\alpha}{2} \\ T_s \cos^2\left[\dfrac{\pi}{4\alpha}(2T_s|f| - 1 + \alpha)\right], & \dfrac{1-\alpha}{2} < T_s|f| \leq \dfrac{1+\alpha}{2} \\ 0, & \text{otherwise} \end{cases}$$

(5.7)

$$h_{rc}(t) = \frac{\cos(\pi\alpha t/T_s)}{1-(2\alpha t/T_s)^2} \frac{\sin(\pi t/T_s)}{\pi t/T_s} \tag{5.8}$$

以上より，ディジタル変調波の占有帯域幅はシンボル周期 T_s に反比例することがわかる。伝送する情報のビットレート（$1/T_b$）を一定とすれば，多値変調を用いることで占有帯域幅〔$\sim 1/T_s = 1/(mT_b)$，$m = \log_2 M$，M は変調多値数〕を減らすことができる。

5.5 ディジタル変調波の検波

5.5.1 同 期 検 波

受信側で搬送波を再生し，受信信号と乗積して検波する方式を同期検波という。搬送波の周波数と位相を送信側と高い精度で一致させる必要があり，そのための回路が必要となる。また，一般に受信波の大きさ a や伝送路で生じる位相回転量 θ の推定と補完も必要である。

BPSK の同期検波では，**図 5.17** に示すように，伝送路で位相回転 θ を受けた BPSK 変調波 $A\cos(2\pi f_c t + \theta + \phi)$ に搬送波 $\cos(2\pi f_c t)$ を乗算し，高周波成分を除去してベースバンド成分 $\cos(\theta + \phi)$ を抽出し，伝送路での位相回転 θ を補正した後に $\cos\phi$ の符号を判定する（"+"→"0"，"−"→"1"，図 5.8

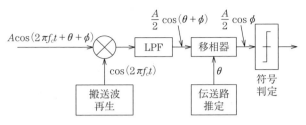

図 5.17 BPSK 同期検波の原理

に対応)。

QAM や多相 PSK などの多値変調を含む，FSK 以外の変調波の同期検波は，一般に複素表記を用いて**図 5.18** のような構成で示すことができる。ここで，$ae^{j\theta}$ は伝送路状態，$s(t)$ は送信波，$n(t)$ は雑音成分を意味し，これらが合成されて検波器に入力される。$s(t)$ は帯域制限された波形とする。MF は SN 比を最大にする**整合フィルタ**（matched filter）である。

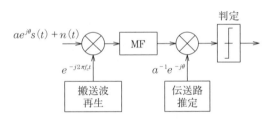

図 5.18 同期検波の構成

帯域制限フィルタの周波数特性を $H(f)$ とすると，整合フィルタの周波数特性は $H(f)$ の共役複素 $H^*(f)$ になる。伝送路状態を補正して信号点配置の座標を送信側と合わせ，受信波のシンボル座標を求めて最も近い信号点を判定する。判定するタイミングは隣接シンボルとの干渉が 0 になる（もしくは最も少なくなる）タイミングであり，図 5.14 の例では，各シンボルの先端の時刻（時刻 t が T_s の整数倍の位置）である。最後に信号点に割り当てられているビット列を出力する。

2 値 FSK の検波は，**図 5.19** に示すように，送信に用いられる二つの周波数

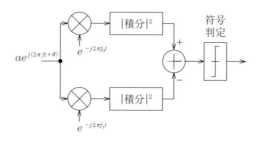

図 5.19 2 値 FSK 同期検波

を用いて乗積した後に 1 シンボル時間積分し，それら出力の差分から符号を判定する．変調シンボルの周波数が f_0 であれば，図の上側の経路では搬送波 $e^{-j2\pi f_0 t}$ の乗算後に直流成分が発生するため，積分値が $ae^{j\theta}$ に比例する一定値となる．一方，図の下側の経路では乗算後の信号に振動が残るため，積分値は 0 になる（実際には雑音の影響がある）．これらの絶対値をそれぞれ 2 乗し加減算をすると正の値になる．一方，変調シンボルの周波数が f_1 であれば，上の経路が 0，下の経路に値が残り，加減算の結果，負の値になることがわかるであろう．この符号を判定することで送信情報を復元する．

5.5.2 ルート ナイキスト フィルタ

伝送品質を最良にするには，検波器において，符号判定前の信号の SN 比を最大にして，かつ，シンボル間干渉を 0 にする必要がある．前者は整合フィルタで達成されることはすでに述べた．さらに後者の条件を満たすためには，送信側の帯域制限フィルタ $H_T(f)$ と受信側の整合フィルタ $H_R(f) = H^*_T(f)$ の総合特性 $|H_T(f)|^2$ が，ナイキストの第 1 基準（→ 5.4.6 項）を満たす必要がある．このような周波数特性 $H_T(f)$，$H_R(f)$ を持つフィルタを，**ルート ナイキスト フィルタ**（root Nyquist filter）という．代表的なフィルタは，式 (5.7) の平方根に比例した周波数特性を持つ**余弦フィルタ**（root raised cosine filter）である．

5.5.3 差動符号化と遅延検波

同期検波では,搬送波の再生と伝送路状態の推定が必要であった。**遅延検波**では,直前に受信したシンボルを基準に用いることでそれらの回路を不要とする。しかし,遅延検波で情報伝送するには,送信側で**差動符号化**を施す必要がある。

図 5.20 は BPSK の遅延検波の原理を示している。i はシンボル番号であり,それに対応する位相 ϕ_i と 1 シンボル前の位相 ϕ_{i-1} の差成分が,LPF から出力される。すなわち,遅延検波では前後の受信シンボルの位相差 $(\phi_i - \phi_{i-1})$ の符号を判定する。この仕組みに送信側で対応させるのが差動符号化である。**図 5.21** 中の記号 $\oplus$ は,論理 0, 1 の排他的論理和 (exclusive or) を表す。表

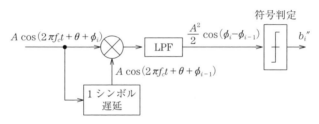

図 5.20 BPSK の遅延検波の原理

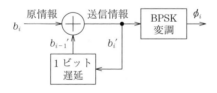

図 5.21 差動符号化 BPSK

表 5.3 差動符号化 BPSK と遅延検波での符号関係の例

i	0	1	2	3	4	5
原情報 b_i	0	1	0	1	1	0
b_{i-1}'	0	0	1	1	0	1
b_i'	0	1	1	0	1	1
位相 ϕ_i	0	π	π	0	π	π
位相差 $\phi_i - \phi_{i-1}$		π	0	$-\pi$	π	0
出力符号 b_i''		1	0	1	1	0

5.3 は，i 番目の原情報 b_i が与えられたときの送信情報 b_i'，および BPSK 変調シンボルの位相 ϕ_i，さらに，遅延検波によって判定される情報 b_i'' がどのように変化するのかを示している。

差動符号化を施した BPSK を，DBPSK (differential BPSK) という。遅延検波では二つの受信シンボルに基づいて一つのシンボル判定を行うため，雑音の影響が同期検波に比べて大きく，後述する誤り率特性が劣化する。

5.6 誤り率特性

ディジタル変復調による伝送品質は，誤り率で評価される。変調シンボルに着目した**シンボル誤り率**（symbol error rate；SER）は，送受信したシンボル数に対して誤って判定されたシンボル数の割合である。伝送情報のビットに着目した**ビット誤り率**（bit error rate；BER）は，送受信したビット数に対する誤りビット数の割合である。いずれも受信する信号電力 S と雑音電力 N の比に対して誤り率特性は変化し，また，同じ SN 比であっても変調方式によって誤り率は異なる。

BPSK 同期検波の理論 BER 特性を導出してみよう。図 5.17 に示したように，符号判定前の信号に含まれる送信成分は，希望信号の振幅を A として $(A\cos\phi)/2$ である。ここで，送信情報の 0 または 1 に対応して $\cos\phi = \pm 1$ を取る。図 5.17 にはないが，熱雑音の成分が含まれるのでこれを n_c と表し，判定前の信号を $(A\cos\phi)/2 + n_c$ と書こう。n_c は受信信号に含まれる雑音成分のうち搬送波と同相の成分で，平均 0 のガウス分布に従う確率変数と見なせる。その分散 σ^2 は受信波に含まれる雑音電力 N の 1/4 になる（雑音電力 N の 1/2 は搬送波と直交する雑音成分にあり，BPSK 検波に影響しない。さらに雑音の同相成分の 1/2 が LPF で除去されるため，最終的に $N/4$ が n_c の分散になる）。

BPSK 符号判定前の信号 $y = (A\cos\phi)/2 + n_c$ が，取りうる値の確率密度関数 $p(y|\phi)$ を**図 5.22** に描く。送信するビットが 0（位相 $\phi = 0$）のとき判定

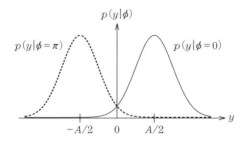

図 5.22 BPSK 符号判定前の信号の分布

が誤る確率は $y<0$ の領域,送信ビットが 1 (位相 $\phi=\pi$) のときは $y>0$ の領域である.送信ビットは 0 と 1 が等確率で現れると考えられるから,BPSK 同期検波の BER は式 (5.9) となる.

$$
\begin{aligned}
p_{b\_\mathrm{BPSK}} &= \frac{1}{2}\int_{-\infty}^{0} p(y|\phi=0)dy + \frac{1}{2}\int_{0}^{\infty} p(y|\phi=\pi)dy \\
&= \frac{1}{2\sqrt{2\pi}\sigma}\left\{\int_{-\infty}^{0}\exp\left[\frac{-(y-A/2)^2}{2\sigma^2}\right]dy + \int_{0}^{\infty}\exp\left[\frac{-(y+A/2)^2}{2\sigma^2}\right]dy\right\} \\
&= \frac{1}{\sqrt{\pi}}\int_{A/(2\sqrt{2}\sigma)}^{\infty}\exp(-z^2)dz = \frac{1}{2}\mathrm{erfc}\left(\frac{A}{2\sqrt{2}\sigma}\right) = \frac{1}{2}\mathrm{erfc}\left(\sqrt{\frac{S}{N}}\right)
\end{aligned}
$$
(5.9)

ここで,受信波の信号電力 $S=A^2/2$,雑音電力 $\sigma^2=N/4$ を用いた.erfc(x) は誤差補関数〔→3.1 節(2)〕である.同様にして,2ASK 同期検波の理論 BER 特性を求めることができる.結果を式 (5.10) に示す.BPSK と同じ BER を得るには 2 倍の SN 比が必要であることがわかる.2FSK 同期検波も 2ASK と同じ式で理論 BER 特性が与えられる(**図 5.23**).DBPSK 遅延検波の BER は式 (5.11) で与えられる.

$$p_{b\_\mathrm{2ASK}} = p_{b\_\mathrm{2FSK}} = \frac{1}{2}\mathrm{erfc}\left(\sqrt{\frac{S}{2N}}\right) \tag{5.10}$$

$$p_{b\_\mathrm{DBPSK}} = \frac{1}{2}\exp\left(-\frac{S}{N}\right) \tag{5.11}$$

多値数 M の QAM 変調波を同期検波する場合の SER は,式 (5.12) で与えら

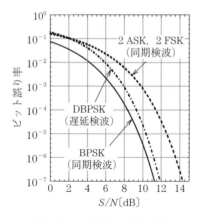

図 5.23 2値変調の理論 BER

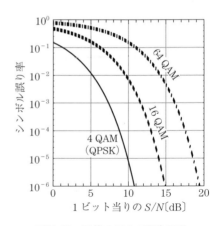

図 5.24 M 値 QAM の理論 SER

れる。

$$\begin{aligned} p_{s\_\mathrm{MQAM}} &= 1 - (1 - P_{\sqrt{M}})^2 \\ P_{\sqrt{M}} &= \left(1 - \frac{1}{\sqrt{M}}\right) \mathrm{erfc}\left(\sqrt{\frac{3}{2(M-1)}\frac{S}{N}}\right) \end{aligned} \quad (5.12)$$

この特性を図 5.24 に示す。横軸は 1 ビット当りの SN 比 $[=S/(N\log_2 M)]$ で正規化表記している。図から，多値数 M を増やすほど誤り率が劣化することがわかる。

5.7 スペクトル拡散

スペクトル拡散とは，伝達する情報の速度に比べてより高速に変化する符号系列を用いて変調波を変化させる伝送方式である。スペクトル拡散の占有帯域幅は広がるが，適切な使い方をすれば干渉信号に対する耐性や通信の秘匿性が向上する。スペクトル拡散の方法として，**周波数ホッピング**（frequency hopping；**FH**）と**直接拡散**（direct sequence；**DS**）がある。

5.7.1 周波数ホッピング（FH）

変調波の搬送波周波数を高速に変化させることで，スペクトル拡散を実現する。瞬間的な占有帯域幅は通常の変調波と変わらないが，搬送波周波数が次々と高速に変化するため，広い帯域が必要となる。搬送波周波数の変化のさせ方を，ホッピング パタンもしくはホッピング シーケンスという。受信側では，ホッピング シーケンスを送信側と同期させて変調波を追従する必要がある。FHを採用するBluetoothでは，1 MHz間隔の無線チャネルが79個用意されており，1秒間に1 600回チャネルが変化する。

図 5.25 は，瞬間の変調波がホッピングする様子と，FH波の電力スペクトル密度を模式的に描いたものである。縦軸の単位は〔W/Hz〕であり，変調波の電力が一定とすると，その値は電力スペクトル密度と帯域幅の積（図の面積）で表されるので，ホッピングする周波数の範囲が広いほど電力密度が小さくなる。電力密度を雑音レベルより小さくすれば，変調波の存在に気付かれることはなく，しかもホッピング シーケンスを知らなければ復調も困難である。通信の秘匿性が高いとされる根拠はここにある。また，狭帯域の干渉信号が受信側で混入しても，ホッピングによって変調波の中心周波数が変化するので，耐干渉性が増すとされている。FHの構成を図 5.26 に示す。

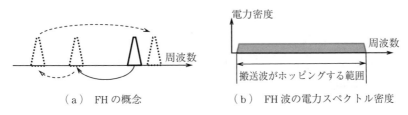

（a）FHの概念　　　　　　（b）FH波の電力スペクトル密度

図 5.25　FH波の様子

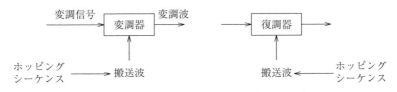

図 5.26　FHの構成

5.7.2 直接拡散 (DS)

直接拡散では，FH のように搬送波を制御して高周波帯域でスペクトルを拡散するのではなく，ベースバンド信号に直接働き掛けて帯域を広げる。具体的には，伝送する原信号の変化の速さに比べて高速に変化する拡散符号を用意し，ベースバンドにおいて原信号と拡散符号を掛け合わせることでスペクトルを拡散する。

図 5.27 に直接拡散の構成と信号の例を示す。mapper によって伝送する情報は変調シンボルに変換される。BPSK を想定し，その値が $+1$，-1 と変化するものとする。シンボル長は T_s である。拡散符号として -1，$+1$，-1，$+1$，$+1$，-1，$+1$ と変化し，これを繰り返す周期 7 の符号を考える。符号の各要素を**チップ**（chip）という。チップ長を T_c とする。$T_s/T_c = 7$ であり，拡散符号は変調信号に比べて 7 倍高速に変化している。チップ長 T_c の逆数 $1/T_c$ を**チップレート**といい，単位は〔chip/s〕＝〔cps〕である。シンボルレートとチップレートの比を**拡散率**という。この例では拡散率は 7 である。

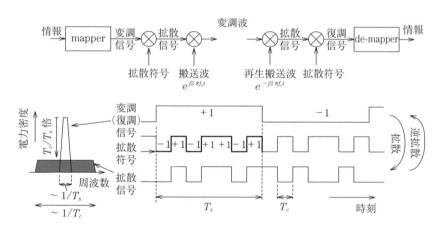

図 5.27 直接拡散の構成と信号の例

拡散の前後で信号電力が変わらない〔つまり，（電力密度）×（帯域幅）＝一定〕とすると，電力密度は拡散率だけ低下することになる。この特性は，FH と同様に変調波を秘匿させるのに適しており，軍事通信に DS が用いられてき

た理由の一つでもある。

　受信側では，受信信号（変調波）に同一の拡散符号を送信側と同じタイミングで掛け合わせることで，拡散前の変調信号が復元する。この処理を**逆拡散**という。この操作をスペクトルで見ると，広域に拡散された変調信号の電力を元の帯域に寄せ集めている。拡散された帯域幅 $B \cong 1/T_c$ における雑音電力密度を N_0 とすると，受信される雑音の電力 N は $N = BN_0 \cong N_0/T_c$ である。逆拡散後の信号に残留する雑音電力は $N_0/T_s = NT_c/T_s$ となる。すなわち，入力する雑音電力を拡散率で除した値となり，この結果 SN 比が改善する。これを**処理利得**といい，ここの例では拡散率と等しくなる。

　DS で用いられる拡散符号は，主として**直交符号**と **PN**（pseud random）**符号**に分けられる。直交符号は異なる符号の内積がゼロとなるもので，PN 符号は十分長い周期を持った疑似的にランダムな符号を指す。両者の違いは逆拡散後の干渉特性に現れる。拡散符号が異なる複数の変調波がある場合，それらの拡散タイミングが一致していれば直交符号が好ましい。その相互干渉をゼロにできるからである。一方，PN 符号の内積は完全にゼロにならないので，PN 符号による拡散ではある程度の干渉電力が残留する。しかし，複数の変調波の拡散タイミングがずれている場合や，伝達時間の異なる複数の経路を介して変調波が受信される場合は，直交符号よりも PN 符号の干渉特性が一般に優れる（→ 6.3.3 項「CDM」，6.4.3 項「CDMA」）。

章　末　問　題

5.1　ディジタル伝送はアナログ伝送に比べてどのようなメリットがあるのか，理由とともに述べよ。

5.2　多値変調のメリットとデメリットを述べよ。

5.3　コンパクトディスク（CD）は，サンプリング周波数が 44.1 kHz，量子化ビット数 16，チャネル数は 2 である。CD のサンプリング周期と量子化レベル数はいくらか。また，再生可能な最大周波数はいくらか。さらに，ビットレートも求めよ。

5.4 量子化ビット数を 8 から 16 に増やしたとき，量子化雑音電力はどの程度減るか．量子化の振幅範囲は変更せずに量子幅のみを小さくするものとする．

5.5 ビットレート 8 kbps の信号を QPSK 変調方式で伝送するときのシンボルレートはいくらか．その QPSK 波をロールオフ率 0.5 の帯域制限フィルタで波形整形したときの占有帯域幅はいくつか．

5.6 一つのデータブロックに 100 ビットまとめて伝送する．100 ビットのうち 1 ビットでも誤るとそのブロックを誤りと見なす．ブロック誤り率を 10^{-2} 以下とする BER を求めよ．ビット誤りはランダムに起こるものとする．

5.7 12 kbps の信号を QPSK 変調し，拡散率 128 で直接拡散したスペクトル拡散信号のチップレートを求めよ．

6

多重伝送とアクセス方式

6.1 全二重複信方式

代表的な全二重の複信方式（→1.2.5項）として，**FDD**（frequency division duplex；周波数分割複信）と **TDD**（time division duplex；時分割複信）がある。

FDDでは通信方向に応じて異なる周波数帯を用意し，それらを同時に使用する。送受用に対となる周波数帯（ペアバンド）が必要となるが，送受信のタイミング同期は不要である。無線機では送信信号と受信信号を分離する**共用器**（duplexer）が必要となり（図6.1），また，ペアバンドの間隔をある程度離す必要がある。衛星通信や携帯電話システムで広く用いられている。

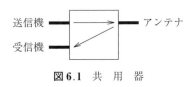

図6.1 共　用　器

TDDでは，共通の周波数帯域を時間的に分け合い，卓球のように信号を交互にやり取りする。瞬間で見ると半二重複信（→1.2.5項）に見えるが，送受信の方向は高速に切り替わり情報をまとめて短時間に伝送するので，ユーザは双方向で通信を行うことができる。送受信のタイミング同期と，送受信を切り替える際に信号の衝突を回避する時間（ガードタイム）が必要になる反面，共

用器が不要となり，送受切替えスイッチのみで済ませることができる．TDDは，PHS（personal hadyphone system）やモバイル WiMAX，一部の携帯電話システムで利用されている（**図 6.2**）．

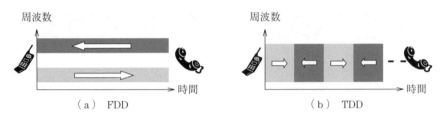

図 6.2 FDD と TDD

6.2 多重化と多元接続

一つの伝送路に複数のチャネル（回線）を束ねて伝送するために，多重化が行われる．**図 6.3** に示すように，送信側では信号多重が，受信側では信号分離が必要となる．多重化の方式として，**周波数分割多重**（frequency division multiplexing；**FDM**），**時分割多重**（time division multiplexing；**TDM**），**符号分割多重**（code division multiplexing；**CDM**），**直交周波数分割多重**（orthogonal FDM；**OFDM**）がある．伝送路を光ファイバに限れば，伝わる光の波長ごとに異なる信号を乗せる波長分割多重（wavelength division multiplexing；WDM）もあるが，広義の FDM ともいえる．

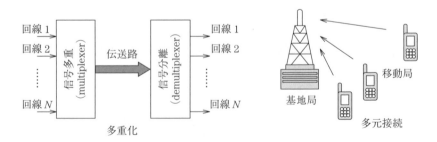

図 6.3 多重化と多元接続

多元接続（multiple access）とは，図6.3にあるように複数の通信局が一つの伝送路（物理媒体）を共有して同時接続することであり，周波数分割多元接続（frequency division multiple access；**FDMA**），時分割多元接続（time division multiple access；**TDMA**），符号分割多元接続（code division multiple access；**CDMA**），直交周波数分割多元接続（orthogonal frequency division multiple access；**OFDMA**）がある。これらは，伝送路をどのように分割して複数局で共有させるのかに着目した名称である。

一方，分割した伝送路をどのように割り当てて利用するのかに着目すると，複数局が自律的にアクセス制御する**自律分散方式**と，特定の局がチャネル割当てを行う**集中制御方式**がある。自律分散方式としてキャリア感知型多元接続（carrier sense multiple access；CSMA）があり，local area network（LAN）で広く用いられている。

6.3 多重化方式

6.3.1 周波数分割多重（FDM）

FDMは，チャネルを異なる周波数帯にシフトして周波数軸上に並べる多重化法である。チャネル間の干渉を減らすため，チャネルの占有帯域幅に**ガードバンド**を付加した間隔でチャネルを配置する。アナログ回路で実現できる方式であり，アナログ固定電話網の中継回線で用いられていた。

図6.4に振幅変調によるFDM伝送の構成例を示す。回線ごとに異なる搬送波周波数で振幅変調し，片側の側波帯のみを対象として，周波数領域で重ならないように信号帯域を配置する。このように合成した多重信号から目的の信号を取り出すには，**帯域通過フィルタ**（band pass filter；**BPF**）により，対象となる周波数帯域の信号成分を抽出して振幅変調波を取り出し，復調する。アナログ電話回線におけるFDMの場合，アナログ信号を $B = 3.4\,\mathrm{kHz}$ 以下に制限し，4 kHz 間隔の搬送波周波数でSSB変調（→ 4.2 節）して周波数軸上に信号を並べている。多重信号の分離は，所望のSSB変調波をBPFで取り出

6. 多重伝送とアクセス方式

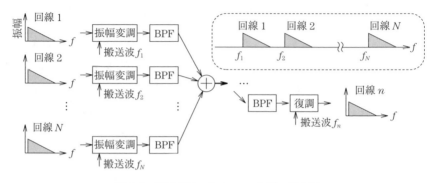

図 6.4　振幅変調による FDM 伝送の構成例

し，同期検波を行っている。

一方，初代携帯電話システム（当初は自動車電話システムと呼ばれた）の基地局から移動局までの無線区間では，周波数変調による FDM 方式が用いられていた。変動が大きい移動伝送路では，振幅変調より周波数変調が適しているからである。このように，同じ FDM であっても伝送路の特徴に応じた変調方式が用いられる。

6.3.2　時分割多重（TDM）

TDM は，回線ごとに標本化した信号を時間順に並べる多重化法で，ディジタル化された固定電話網や衛星通信網で用いられている。日本の第 2 世代携帯電話システムでも，基地局から移動局までの下り方向の無線区間で PSK 変調波を時間多重する TDM 方式が用いられていた。

パルス符号化変調を用いる場合の TDM の原理を図 6.5 に示す。送信側と受信側でサンプリング間隔とチャネル順番を同期させる必要がある。日本の電話網で 1965 年に実用化された PCM24 は，音声回線を 24 チャネル多重化する TDM 方式である。これは，音声信号をチャネルごとに 125 µs 間隔で標本化（すなわち標本化周波数が 8 kHz）し，8 ビット量子化する。1 チャネル当りのビットレートは 64 kbps（＝ 8 000〔sample/s〕× 8〔bit/sample〕）となる。8 ビットの量子化データをチャネル順に 24 個並べ，最後に 1 ビットを加える。

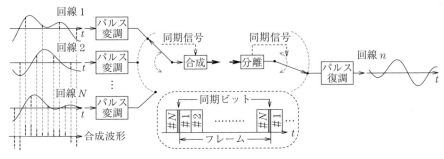

図 6.5 パルス符号化変調を用いる場合の TDM の原理

この単位を**フレーム**といい，193 ビット（= 8 × 24 + 1）で構成されている．最後に追加する 1 ビットをフレーム同期ビットといい，フレームの境界を示す役割を持つ．多重化した結果，125 μs ごとに 193 ビット発生するから，ビットレートは 193 bit/125 μs = 1.544 Mbps となる．

フレーム同期ビットは，12 フレームごとに "10001101110 A" のパタンを繰り返す．ここで，A は警報ビットであり，状態により値が異なる．信号分離器は，受信したデータを 193 ビットごとに 1 ビットを抜き出す．この抜き出し方は 193 通りあり，12 フレーム × m（m は自然数）回の受信で同期ビットのパタンに一致する位置が定まれば，フレーム同期が完了する．

同期判定の誤りには，同期しているのに同期していないと判定する "同期外れ" の誤判定と，同期していないのに同期と判定する "同期" の誤判定がある．フレーム同期ビット以外は "0" と "1" が 1/2 の確率とすると，11 ビットの固定パタンに一致する確率は $(1/2)^{11} = 1/2048$ となるから，誤った位置にフレーム同期パタンが偶然現れる確率は $192/2048 \fallingdotseq 0.09$ 程度である．m を大きくすれば同期の誤判定を減らすことができるが，ビット誤りなどによる同期外れの誤判定確率が大きくなる．また，m を大きく取ると同期が確立するまでに時間を要する．この課題を緩和するため，一般には同期外れの判定基準と同期判定の基準を別に設定する．具体的には，同期パタンが m_1 回連続して一致しない場合に "同期外れ" と判定し，同期パタンが m_2 回連続して受信されたときに "同期" と判定する．前者を**前方保護**，後者を**後方保護**という．

TDM は FDM に比べて，ガードバンドのようなマージンを確保する必要はないが，同期のための情報が余分に必要となる．しかし，その割合は FDM のガードバンドの割合よりも通常は少なくて済むため，多重化の効率が優れているといえる．

6.3.3　符号分割多重（CDM）

符号分割多重は，互いに直交する符号系列（±1の並び）を各チャネルの信号に掛け合わせて合成する多重化法であり，直接拡散（→5.7.2項）が用いられている．符号系列は各チャネルの信号より高速に変化させる．CDM では拡散符号に直交符号を用いる．符号長 N の系列で N 多重まで行える．代表的な直交符号として**ウォルシュ-アダマール符号**（Walsh-Hadamard 符号．単に Walsh 符号ともいう）がある．

Walsh 符号の生成方法を説明する．符号長 $N=2$ の場合，Walsh 系列は $c_1=(+1,+1)$ と $c_2=(+1,-1)$ の二つである．これらの内積は，$c_1 \cdot c_2 = 1 \cdot 1 + 1 \cdot (-1) = 0$ だから直交性が確認される．また，$c_1 \cdot c_1 = c_2 \cdot c_2 = 2$ であるから，符号長 $N=2$ で割ると自己相関値が 1 となることがわかる．$N=2^n$ の Walsh 符号は，2^{n-1} の Walsh 符号から式 (6.1) に示す規則により生成する．

$$\mathbf{H}_{2^n} = \begin{pmatrix} \mathbf{H}_{2^{n-1}} & \mathbf{H}_{2^{n-1}} \\ \mathbf{H}_{2^{n-1}} & \bar{\mathbf{H}}_{2^{n-1}} \end{pmatrix} \tag{6.1}$$

ここで，$\bar{\mathbf{H}}$ とは行列 $\mathbf{H}$ の各要素の符号を反転した行列を意味する．例として，符号長 $N=4$ の Walsh 符号を求める．

$$\mathbf{H}_2 = \begin{pmatrix} c_1 \\ c_2 \end{pmatrix} = \begin{pmatrix} +1 & +1 \\ +1 & -1 \end{pmatrix} \tag{6.2}$$

だから，式 (6.1) より

$$\mathbf{H}_4 = \begin{pmatrix} \mathbf{H}_2 & \mathbf{H}_2 \\ \mathbf{H}_2 & \bar{\mathbf{H}}_2 \end{pmatrix} = \begin{pmatrix} +1 & +1 & +1 & +1 \\ +1 & -1 & +1 & -1 \\ +1 & +1 & -1 & -1 \\ +1 & -1 & -1 & +1 \end{pmatrix} = \begin{pmatrix} c_1 \\ c_2 \\ c_3 \\ c_4 \end{pmatrix} \tag{6.3}$$

となる。よって,符号長 4 の四つの符号 $c_1 = (+1, +1, +1, +1)$, $c_2 = (+1, -1, +1, -1)$, $c_3 = (+1, +1, -1, -1)$, $c_4 = (+1, -1, -1, +1)$ が得られる。

図 **6.6** は,伝送レート $1/T_s$〔baud〕(シンボル長 T_s〔s〕)のディジタル回線を符号長 4 の直交符号で多重化し,受信側でチャネル 3 のシンボルを取り出す場合の構成概略である。この場合,符号はシンボルの 4 倍の速さで変化する。チップレート (→ 5.7.2 項) は,図中の記号を用いると $1/T_c$ で表される。図の例では $1/T_c = 4/T_s$ だから,拡散率は 4 である。

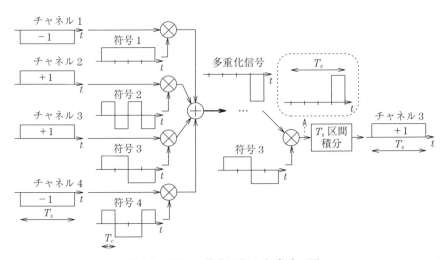

図 **6.6** CDM の構成概略図 (4 多重の例)

受信側で回線 3 を分離するため,符号 3 を送信側のタイミングに合わせて多重化信号に乗じ,シンボル期間 T_s にわたって積分 (平均化) する。CDM は第 3 世代携帯電話システムの下り方向 (基地局から移動局へ) の多重化に用いられ,その拡散率は 128 を基本として構成されている。

6.3.4 直交周波数分割多重 (OFDM)

OFDM は,周波数軸に多重化する信号を並べるという点で FDM の概念に含まれるが,信号を相互に干渉しない最小の周波数間隔で配置する点が大きな

特徴であり,その結果,ガードバンドが必要な旧来のFDMよりも帯域当りの情報伝送量に優れる。反面,高度なディジタル信号処理が必要となる。

図6.7にOFDM信号の生成と信号分離の流れを示す。この例では3多重であり,OFDMの多重化信号からチャネル3を分離している。CDMの構成と似ているが,符号系列ではなく三角関数波形(余弦波と正弦波,図では余弦波のみ記載)を用いて各チャネルを多重および分離している。多重化に用いる三角関数波形は各チャネルを搬送する波に相当し,**サブキャリア(副搬送波)** と呼ばれる。サブキャリアは複素表記(→ 5.4.5項)を用いて $e^{j2\pi n f_0 t}$ と書ける。ここで,n は整数でありチャネル番号に相当する。

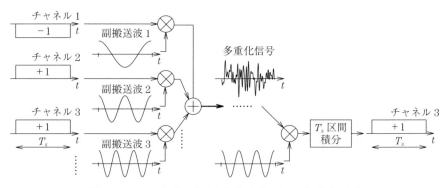

図 6.7 OFDM信号の生成と信号分離の流れ(3多重の例)

f_0 は基本周波数で,各チャネルのシンボル長を T_s とすると,$f_0 = 1/T_s$ である。

複素表記の三角関数 $e^{j2\pi n f_0 t}$ は区間 T_s で式 (6.4) に示す関係を満たすから,CDMの直交符号と同様に自己相関が1で,相互相関が0(すなわち n が異なればそれぞれ直交)であることがわかる。

$$\frac{1}{T_s}\int_0^{T_s} e^{j2\pi n f_0 t}(e^{j2\pi m f_0 t})^* dt$$

$$= \frac{1}{T_s}\int_0^{T_s} e^{j2\pi(n-m)f_0 t} dt = \begin{cases} 1, & \text{if } n = m \\ 0, & \text{if } n \neq m \end{cases} \tag{6.4}$$

よって,OFDMにおける多重化と分離は**図6.8**のような構成で一般化され,

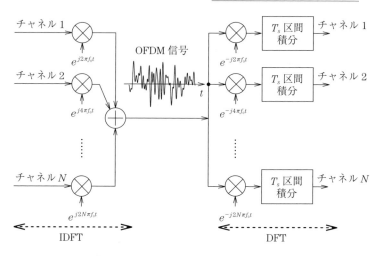

図 6.8 OFDM 信号の生成と分離の構成

それぞれが逆離散フーリエ変換(IDFT)と離散フーリエ変換(DFT)に対応している。

チャネル n における k 番目のシンボルを $d(n,k)$ と書くと,OFDM 信号 $s(t)$ は

$$\left.\begin{aligned} s(t) &= \sum_{k=1}^{K} s(t,k) \cdot u\left(\frac{t}{T_s} - k + 1\right) \\ s(t,k) &= \sum_{n=1}^{N} d(n,k) e^{j2\pi n f_0 t}, \quad u(x) = \begin{cases} 1, & \text{if } 0 \leq x < 1 \\ 0, & \text{otherwise} \end{cases} \end{aligned}\right\} \quad (6.5)$$

と書ける。

ここで,$s(t,k)$ は k 番目の OFDM シンボルを表している。K は信号 $s(t)$ の時間方向の長さを,OFDM シンボル数で表したものである。N は多重するチャネル数であり OFDM のサブキャリア数に等しい。チャネル m の k 番目のシンボルを検出するには,受信信号 $r(t)$ に対して

$$\tilde{d}(m,k) = \frac{1}{T_s} \int_{(k-1)T_s}^{kT_s} r(t) e^{-j2\pi m f_0 t} dt \quad (6.6)$$

のような操作を行う。

雑音などの影響がなく,受信信号と送信信号が同一 [$r(t) = s(t)$] であれば,

式 (6.4), (6.5) より $\tilde{d}(m,k) = d(m,k)$ となることが確認できるであろう.

ここで, 式 (6.5) で示される OFDM 信号のスペクトルを見てみよう. 式 (2.26) にならい, フーリエ変換を行うと

$$\left.\begin{aligned} G(f,K) &= \int_0^{kT_s} s(t) e^{-j2\pi ft} dt = \sum_{k=1}^{K} G(f,k) \\ G(f,k) &= \int_{(k-1)T_s}^{kT_s} s(t,k) e^{-j2\pi ft} dt \\ &= T_s e^{j2\pi fT_s(k-1/2)} \sum_{n=1}^{N} d(n,k) \frac{\sin\pi(n-fT_s)}{\pi(n-fT_s)} \end{aligned}\right\} \quad (6.7)$$

のようになる.

シンボル $d(n,k)$ は, 変調方式で定められた複素平面上の信号点で表すものとする. 通常, その平均は 0 で, 異なる n または k において独立に信号点が定まる. すなわち, K が十分大きいとき

$$\frac{1}{K} \sum_{k=1}^{K} \sum_{l=1}^{K} e^{j2\pi fT_s(k-l)} d(n,k) d^*(m,l) = \begin{cases} E_s/T_s, & \text{if } n = m \\ 0, & \text{if } n \neq m \end{cases} \quad (6.8)$$

となる.

ここで, E_s 〔J〕$= E_s$〔W/Hz〕はシンボル当りのエネルギーで, サブキャリア番号 n によらず一定とする. 式 (2.27) を参照して電力スペクトル密度を求めると

$$\begin{aligned} P(f) &= \lim_{K \to \infty} \frac{1}{KT_s} |G(f,K)|^2 \\ &= \lim_{K \to \infty} \frac{T_s}{K} \left| \sum_{k=1}^{K} e^{j2\pi fT_s(k-1/2)} \sum_{n=1}^{N} d(n,k) \operatorname{sinc}(n-fT_s) \right|^2, \\ &\left| \sum_{k=1}^{K} e^{j2\pi fT_s(k-1/2)} \sum_{n=1}^{N} d(n,k) \operatorname{sinc}(n-fT_s) \right|^2 \\ &= \sum_{n=1}^{N} \operatorname{sinc}(n-fT_s) \sum_{m=1}^{N} \operatorname{sinc}(m-fT_s) \\ &\quad \times \sum_{k=1}^{K} \sum_{l=1}^{K} e^{j2\pi fT_s(k-l)} d(n,k) d^*(m,l) \\ &= \frac{KE_s}{T_s} \sum_{n=1}^{N} [\operatorname{sinc}(n-fT_s)]^2 \end{aligned}$$

$$\therefore \quad P(f) = E_s \sum_{n=1}^{N} [\operatorname{sinc}(n - fT_s)]^2$$

$$= E_s \sum_{n=1}^{N} \left[\frac{\sin \pi (n - fT_s)}{\pi (n - fT_s)} \right]^2 \tag{6.9}$$

を得る.

図 6.9 に OFDM 信号の電力スペクトル密度 $P(f)$ を示す.破線は各サブキャリアの電力スペクトル密度 $E_s [\operatorname{sinc} \pi (n - fT_s)]^2$ であり,これらが合成されて $P(f)$ になる.

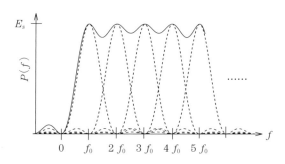

図 6.9 OFDM 信号の電力スペクトル密度 $P(f)$

あるサブキャリア(例えば左から1番目のサブキャリア,中心周波数 f_0)の成分は,他のサブキャリアの中心周波数($2f_0, 3f_0, 4f_0, \cdots$)で 0 になっている.これは,サブキャリア間で干渉がないことを意味する.

6.3.5 高速伝送方式としての OFDM

一つの搬送波で信号伝送を正しく行うには,その信号が有する周波数の範囲において伝送路の減衰量が一定となる必要がある.この要求は,変調波の占有帯域が狭い低速伝送の場合は比較的容易に満たされるが,高速伝送の場合に問題となる.伝送路の周波数特性は,帯域幅が広くなるほど平たんではなくなるからである.そのような歪みのある伝送路では,複数のサブキャリアを用いる OFDM が非常に有効である.ある工夫を加えるだけで,歪みのある伝送路であっても高速伝送が可能になる(→9.3.5項).

この特性から OFDM は，ADSL（→ 8.2.4 項），無線 LAN，地上波ディジタルテレビ放送，第 4 世代携帯電話システム（long term evolution；LTE）などに広く用いられている。OFDM は，もはや多重化技術というより歪みのある伝送路において，高速伝送を実現する変調技術として用いられることが多くなっている。

6.4 多元接続方式

6.4.1 FDMA

FDMA は，周波数が異なる搬送波を用いて複数の局が同時に接続する方式である。使用中はその周波数を占有し，時間的に連続して信号を送信する。**図 6.10** に示すように，搬送波周波数（f_1, f_2, f_3）は，各チャネルの占有帯域幅に**ガードバンド**を加えた間隔を取って設定される。FDMA は単体でアナログ式携帯電話や衛星通信で利用され，また，6.4.2 項と 6.4.3 項で述べる TDMA や CDMA と併用される基本的な多元接続方式である。

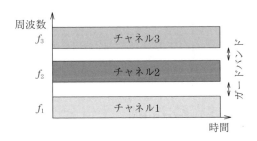

図 6.10 FDMA のチャネル配置

6.4.2 TDMA

TDMA では，共有する伝送路を一定の時間間隔で区切り，それぞれの通信局が割り当てられた順番で使用することで同時接続を実現する。時間で区切られたチャネルの単位を**タイムスロット**といい，多重数分のタイムスロットで一つのフレームが構成される（**図 6.11**）。

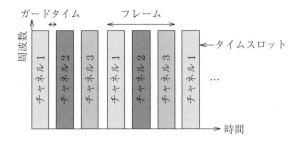

図 6.11　TDMA のチャネル配置

　各通信局は，フレームごとに一つのタイムスロットを周期的に使用する。送受信側でタイミングを合わせる必要があるため，同期信号を送信する基準局を設ける。携帯電話システムでは，基地局が移動局に対して同期信号を送信している。また，多元接続する通信局が地理的に分散することを考慮し，タイムスロット間に一定の間隔を設ける。これを**ガードタイム**と呼び，多元接続する通信局の距離の違いによる信号の衝突を避けるために設けられる。TDMA は，ディジタル衛星通信や PHS（→ 6.1 節），初期の第 2 世代携帯電話方式に用いられている。

6.4.3　CDMA

　通信局ごとに異なる拡散符号を用いてスペクトル拡散（→ 5.7 節）を行い，同一の搬送波周波数で同時接続する（**図 6.12**）。受信側では，逆拡散における拡散符号を選択することで信号を分離する。拡散符号が一致しない拡散信号は

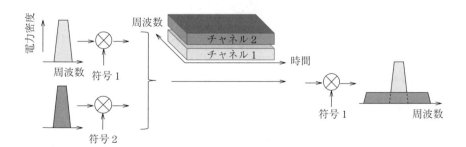

図 6.12　CDMA の概念

逆拡散により抑圧される．同一の符号であっても，拡散と逆拡散のタイミングがずれていると信号検出ができない．

一般に，CDMAでは拡散符号が高速に変化するため，地理的に離れた複数の通信局間で拡散のタイミングを揃えることが難しい．よって，通常はCDMのように直交符号を用いるのではなく，疑似ランダム符号（PN符号）を用いてスペクトル拡散を行い，他局からの信号がランダムに変化する白色雑音と見なせるようにする．CDMAは，第3世代携帯電話システムにおいて移動局のアクセス方式に用いられている．

6.4.4　OFDMA

OFDMに基づくアクセス方式であり，**図6.13**のように通信局ごとに異なるサブキャリアを割り当てることで多元接続を実現する．同一通信局に割り当てるサブキャリアが連続している場合（図のチャネル1）と，不連続な場合（図のチャネル2およびチャネル3）がある．

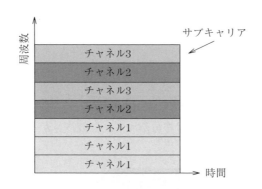

図6.13　OFDMAの割当て例

前者は，通信局の電波状態を把握できる場合に良好な周波数帯のサブキャリアを集中して用いることができる方法である．後者は周波数が離れたサブキャリアを用いることで，総合受信品質の平均化が図れる（これを**周波数ダイバシチ**という．→9.3.6項）．この方法は，通信局の電波状態がわからない場合や

電波状態の変化が激しい場合に有効である。OFDMA は，モバイル WiMAX や LTE の下りアクセス方式に採用されている。

6.4.5 CSMA

一つのチャネルを複数の通信局が監視し，他局が使用していないことを確認した後でそのチャネルを使う方法である。接続したい通信局は，あらかじめチャネルの空き状況を確認する。これをキャリアセンスという。伝送路がビジー（使用中）であれば送信せずに待機し，アイドル（空き）になれば送信する。

CSMA は，有線 LAN と無線 LAN で用いられている。有線 LAN では，複数の通信局が同時に信号を送出した場合，電圧の変化でそれを検知することができるので，ただちに送信を停止する機構が設けられている。これは**衝突検知型 CSMA**〔CSMA/CD（collision detection）〕と呼ばれる。

無線 LAN では距離による信号強度の変化が大きいため，そのような検知ができない。そこで，伝送路がアイドル状態になってもすぐに送信はせずに，そのつどランダムな時間だけ待ち，再度キャリアセンスを行ったうえで信号を送信することにより衝突の可能性を低減させる。この方式を**衝突回避型 CSMA**〔CSMA/CA（collison avoidance）〕という。また無線アクセスでは，図 **6.14** の子局 A，B のように通信局どうしが検知できない場合がある。これを隠れ端末問題という。このような状況が想定される場合は，親局がチャネルの使用をどちらかの子局にのみ許可し，他局の信号送出を一時的に停止させることができる。

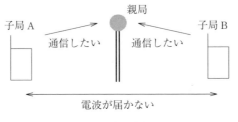

図 **6.14** 隠れ端末問題

章 末 問 題

6.1 無線通信における FDD と TDD のメリットとデメリットを簡単に述べよ。
6.2 多重化と多元接続の違いを簡潔に説明せよ。
6.3 符号長 8 の Walsh 符号を生成せよ。
6.4 第 3 世代携帯電話では,下りチャネルの多重化では直交符号が用いられるが,上りアクセス方式の CDMA では用いられない。この理由を簡単に述べよ。
6.5 処理利得 G の直接拡散 CDMA システムにおいて,無線局 A と B がそれぞれ無線局 X へアクセスする。無線局 X が受信する無線局 A,B からの信号電力をそれぞれ P_a, P_b とする。無線局 X が A 局からの信号を復調するために逆拡散を行ったとき,逆拡散後の信号に含まれる A 局からの信号電力と,そこに混入する B 局からの信号電力(すなわち干渉電力)の比を G, P_a, P_b を用いて表せ。
6.6 無線 LAN で CSMA/CD が用いられない理由を簡単に述べよ。

7

交換方式とトラヒック理論の基礎

7.1 交換方式

　通信ネットワークには，情報を伝送する機能と，中継回線を選択して信号を交換する機能が必要になる。鉄道網にたとえれば，回線はレール，交換機はポイントといえるであろう。交換方式は，その形態により**回線交換方式**と**パケット交換方式**に分けられる。

7.1.1 回線交換方式

　回線交換方式では，通信の開始から終了まで回線が確保され，その間，端末がその回線を独占して使用する（図7.1）。交換機には複数の入回線と出回線が接続されている。交換機に接続されている入回線と出回線を**交換線群**という。出回線に空きがない場合，通信サービスの要求を即座に拒否する**即時式**と，回線が空くまで待機させる**待時式**とがある。現在の公衆電話網は即時式である。空き回線がなく，通信要求が拒否されることを**呼損**という。回線交換方

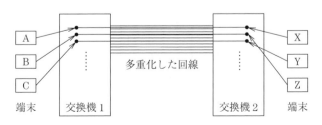

図7.1　回線交換方式

式ではいったん接続されれば，他の通信の影響を受けず，一定の接続品質が確保される。このようなサービス形態を**ギャランティ型**という。

回線交換機の構成には，主にアナログ回線で用いられた**空間分割型**と，ディジタル回線で用いられている**時分割型**がある。

空間分割型は入回線と出回線を格子状に並べ，交差する点を任意に接続・開放するスイッチ（格子スイッチ）が配置された構成である〔**図7.2**(a)〕。入出線数が多いと大規模になるので，格子スイッチを多段構成にすることがある〔図(b)〕。その場合，出回線に空きがあっても接続できない可能性が生じる。このような交換線群を**不完全線群**という。一方，任意の入回線と任意の空いている出回線を接続できる交換線群を**完全線群**という。

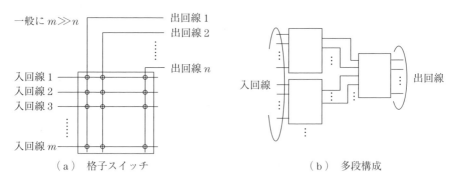

図7.2　空間分割型

時分割型は，**図7.3**に示すように，時分割多重（TDM。→6.3.2項）した入回線のデータを接続する出回線の順番に並び替え，出回線側では順に選び出して信号を転送する。データ順序を変更することで出回線の接続先を変更す

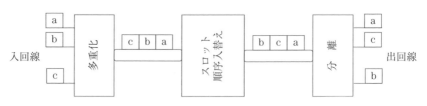

図7.3　時分割型

る。現在の固定電話網内のディジタル交換機で採用されている。

　回線交換方式では，交換機どうしが制御情報をやり取りする必要がある。図7.1において，端末Bが端末Zへ接続しようとするとき，交換機1は交換機2に対して，その情報を通知する必要がある。制御情報は通信の開始と終了時に集中して発生し，それ以外はほとんど必要としない。そこで，交換機が中継するすべての回線の制御情報を共通の制御回線でやり取りし，その使用効率を向上させている。このように回線交換方式では，端末を接続するための中継回線とは別に交換機どうしを接続する共通の制御回線が必要となる。公衆電話網では共通線信号網（→8.4節）がその役割を担っている。回線交換方式の課金は一般に接続時間に応じて定められる。

7.1.2　パケット交換方式

　7.1.1項の回線交換方式は，電話網の黎明期に交換手が手動で中継回線を切り替える操作が原型といえる。これに対してパケット交換方式は，回線交換方式の後に登場した比較的新しいものである。端末からの情報をパケット（packet；「小包」の意味）と呼ばれる一定量の単位に区切り，パケットごとに配信するものである。情報をパケット化する操作と，受け取ったパケットを組み立てる操作を PAD（packet assembly and disassembly）という。PADは端末とパケット交換機のどちらかに必要である。

　パケットは交換機内のメモリにいったん蓄積され，宛先やパケット順序などの情報（ヘッダ）が付加された後，回線が空きしだい転送される（**図7.4**）。

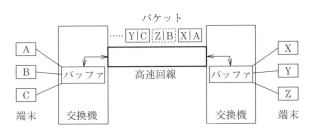

図7.4　パケット交換方式

このため，パケット交換は**蓄積交換**ともいわれる。

パケット交換機では，パケットにヘッダを付加した後に，高速回線を介して別のパケット交換機に転送する。もし，パケットが多数到来して転送が追い付かず，メモリに新たなパケットを格納できない場合，あふれたパケットは破棄される。これを**パケット損失（パケットロス）**という。パケット損失を抑えるため，受信側の交換機が一度に受け取るパケット量を送信側に伝え，パケット送出量を制御することができる。これを**フロー制御**という。

パケットを受け取った交換機は，パケットヘッダを分析して適切な回線にパケットを振り分ける。必要であれば，転送する前にヘッダを新たなヘッダで書き換える。ヘッダがあるため，回線交換方式のように中継回線と制御回線を別に設ける必要はない。

パケット交換では，1本の高速回線を多くのユーザで共有するため，高速回線やメモリの混み具合が時々刻々と変化する。そのため，同一の端末間でのパケット伝送に要する時間が一定ではなく，伝送遅延の変動（**ジッタ**）が生じる。このようなサービス形態は，一定の接続品質が確保されるギャランティ型に対して，**ベストエフォット型**と呼ばれる。

7.2　ネットワーク構成とルーチング

図7.1と図7.4では交換機2台が対向する構成だが，実際には多くの交換機が相互に接続されている。ネットワークを構成する要素は，情報を伝える**リンク**と，情報を処理する**ノード**に分けられる。ネットワークの形態（**ネットワークトポロジー**という）として，**図7.5**に示すように**メッシュ型**，**スター型**，ツ

図7.5　ネットワークの形態

リー型，バス型，リング型などがある。

メッシュ型は，すべてのノード間をリンクで接続するフルメッシュ型が含まれる。スター型はツリー型の一種と見ることもできる。スター型やツリー型は，上位のノードと下位のノードに分かれる構造となるので，階層型ともいわれる。

それぞれのネットワーク構成を，信頼性と回線利用効率の観点から考えてみる。単純なツリー型やスター型では，あるリンクに障害が発生すると接続できないノードが必ず発生する。一方，リング型やメッシュ型では，あるリンクが遮断されているとしても迂回した経路を取ることができる。ノードの障害も同様に，ツリー型やスター型では，障害が発生したノードの下位につながっているノードは影響を受けるが，リング型やメッシュ型では回避することができる。図7.5より，迂回経路はリング型よりメッシュ型のほうが多く取れることがわかる。最も迂回経路が多いのはフルメッシュ型であるが，それに必要なリンク数Lは，ノード数をnとすると，$L = n(n-1)/2$となり，nの2乗のオーダで増加する。つねにすべてのリンクが使用されるわけではないので，フルメッシュ型は回線使用効率が最も悪いといえる。このように信頼性とコストは相反することがわかる。このような関係をトレードオフという。ネットワークはこのような信頼性とコストの関係を鑑みて構築されている。

経路設定（ルーチング）に関する情報（ルーチング テーブル，トランスレータなど）は交換機内部に格納されており，信号を中継する際に参照される。ルーチング テーブルが変更されずに固定的に用いられる方式をスタティック ルーチング，状況に応じて変更する方式をダイナミック ルーチングという。

ダイナミック ルーチングであっても回線交換方式における経路は通話開始時に決定され，通話終了まで変わることはない。しかし，パケット交換方式の場合は，送信端末と受信端末が同じであってもパケットごとに経路が変わることがある。これを許容するパケット交換をコネクションレス型，許容しない（パケットごとに経路を変えない）パケット交換をコネクション型という（図7.6）。コネクション型パケット交換と回線交換の違いは，回線が確保されてい

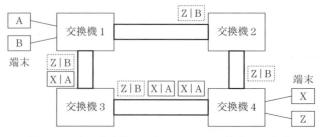

図 7.6 パケット交換のコネクションレス型（B↔Z）と
コネクション型（A↔X）

るか否かの違いである。前者はパケットの中継経路が変わらないだけで，すべてのパケットが相手に届くとは限らない。コネクションレス型のパケット交換をデータグラム（datagram）方式，コネクション型を仮想呼（virtual call）方式ともいい，仮想呼の経路を仮想回線（virtual circuit）という。

コネクション型パケット交換では，経路の設定や開放を行う必要があるものの，まとまったパケットを大量に送る場合は効率がよい。

コネクションレス型のパケット交換の場合，経路の違いにより送信端末から発せられるパケットの順番と受信端末に到着するパケットの順序が逆転することがある。このため，受け取ったパケットの順番を，ヘッダに付与される番号に基づき入れ替える**順序制御**が必要になる。

パケット交換方式の課金は一般には，やり取りしたデータ量に応じている。

7.3　回線交換の呼量と呼損率

発信者から申し込まれた通話を**呼**（call）といい，その発信者を呼源という。また，呼を発すること（電話をかけること）を**発呼**，呼が到着すること（着信すること）を**着呼**という。交換線群における呼の混雑を**輻輳**という。

呼は不規則に発生する確率事象である。呼源が十分に多い場合，呼はランダムに生起すると見なせる。単位時間当りに生起する平均呼数を λ とすると，

7.3 回線交換の呼量と呼損率

時間 t 内に k 個の呼が発生する確率 $p_k(t)$ はポアソン分布

$$p_k(t) = \frac{(\lambda t)^k}{k!} e^{-\lambda t} \tag{7.1}$$

で与えられる。λ を**生起率**ともいう。呼の生起およびポアソン分布を**図7.7**に示す。

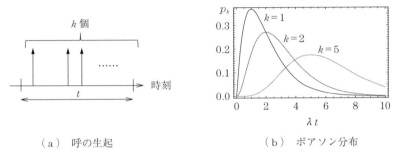

（a）呼の生起　　　　　　　　（b）ポアソン分布

図7.7　呼の生起およびポアソン分布

接続された呼の通話時間を**保留時間**といい，指数分布（→3.1節）と見なすことができる。平均保留時間を t_0 とすると，保留時間が t となる確率 $p(t)$ は $p(t) = (1/t_0)e^{-t/t_0}$ で与えられる。平均保留時間の逆数 $1/t_0$ を**終了率**といい，単位時間当りに終了する呼の割合を表している。

対象とする呼の保留時間の総和を**呼量**という。単位は erlang（**アーラン**，erl）である。1時間当りの生起呼数を λ〔/h〕，平均保留時間を t_0〔h〕とすると，呼量 a〔erl〕は $a = \lambda t_0$ である。呼量は，ある瞬間に接続されている回線数の期待値に等しい。

発生した呼のうち，接続されなかった呼を損失呼といい，損失呼の発生割合を**呼損率**という。発生した呼数を C，損失呼の数を C_L とすると，呼損率 B は，$B = C_L/C$ で与えられる。今，十分多くの入回線と n 本の出回線が接続された交換機を考える。簡単のため完全線群とする。交換機が同時に接続している回線を r 本とする。入力呼量が a〔erl〕で，出回線数 n が a に比べて十分大きければ r の期待値は a であろう。交換機が同時に r 本の回線を接続して

いる確率を P_r とすると，r は0から n までの値を取るので，式 (7.2) が成り立つ．

$$P_0 + P_1 + \cdots + P_n = 1 \tag{7.2}$$

呼が発生もしくは消滅する短い時間であって，その発生もしくは消滅する呼数がたかだか1の十分に短い時間 Δt を考える．Δt の間に呼が発生する確率は式 (7.1) より $p_1(\Delta t) = \lambda \Delta t \exp(-\lambda \Delta t) \to \lambda \Delta t$，呼が終了する確率は終了率 $1/t_0$ より $r\Delta t/t_0$ である．呼の発生と消滅が同時に起こる確率は Δt が十分小さいので無視できる．同時接続回線数 r は Δt の後に，r のままか，$r-1$ もしくは $r+1$ に変化する．ただし，$r=0$ のときは0か1，$r=n$ のときは $n-1$ か n である．これらの状態遷移を記述すると**図7.8**のようになり，式 (7.3)～(7.5) で表せる．

$$P_0 = (1 - \lambda \Delta t)P_0 + \frac{\Delta t}{t_0} P_1 \tag{7.3}$$

$$P_r = \lambda \Delta t P_{r-1} + \left(1 - \lambda \Delta t - r\frac{\Delta t}{t_0}\right)P_r + (r+1)\frac{\Delta t}{t_0} P_{r+1} \quad (1 \leq r < n) \tag{7.4}$$

$$P_n = \lambda \Delta t P_{n-1} + \left(1 - n\frac{\Delta t}{t_0}\right)P_n \tag{7.5}$$

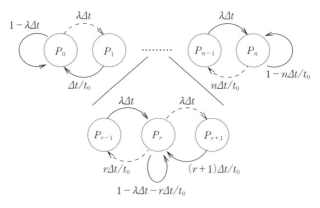

図7.8　同時接続回線数の状態遷移

式 (7.3) 〜 (7.5) を解くと，$P_r = (a^r/r!)P_0$, $(0 \leq r \leq n)$ が得られる。ただし，a は呼量 λt_0 である。

式 (7.2) より $P_0 = (1 + a/1! + a^2/2! + \cdots + a^n/n!)^{-1}$ となるから，P_r は式 (7.6) のように求まる。

$$P_r = \frac{a^r/r!}{1 + a/1! + a^2/2! + \cdots + a^n/n!} \tag{7.6}$$

式 (7.6) を**アーランの同時接続確率式**という。呼損は n 回線すべてが使われているときに発生するから，呼損率 B は P_n そのものと考えてよい。すなわち

$$B = \frac{a^n/n!}{1 + a/1! + a^2/2! + \cdots + a^n/n!} \tag{7.7}$$

式 (7.7) を**アーランの損失式（アーラン B 式）**という。グラフ（呼量 a と出線数 n の関係）を**図 7.9** に示す。

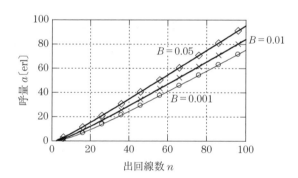

図 7.9 呼損率 $B =$ 一定のもとでの呼量 a と出線数 n の関係

7.4 パケット交換の待ち時間

パケットが交換機に到着してから転送されるまでに要する待ち時間を考える。ユーザがあるサービスを受けるために必要な待ち時間を確率的視点で論じる**待ち行列理論**では，検討モデルの基本パラメータとして，ユーザの到着分布 X，サービスを受ける時間の分布 Y，サーバ数（サービスを提供する窓口の

数）S，許容する行列の長さ N がある。これらを $X/Y/S$ (N) の形式で表記する**ケンドールの記号**が用いられる。X と Y には，M（ポアソン生起で間隔は指数分布となるマルコフ過程，Markovian の略），D（間隔一定，deterministic の略），G（平均と分散が既知だが間隔の分布を問わない，general の略）がある。N が無限大であれば (N) は記載しない。呼の到着がポアソン分布，保留時間が指数分布，出回線が 1 で蓄積用メモリが無限にある場合は $M/M/1$ と表せる。

図 7.10 に示す $M/M/1$ のパケット交換システムを考える。単位時間当りに到来する呼数を λ，システムで出力処理または処理待ちの平均呼数を L，平均待ち時間（平均応答時間ともいう）を W とすると，$L = \lambda W$ の関係がある。この関係を**リトルの公式**という。今，出力処理に要する平均時間（これを平均サービス時間という）を t_0 とすると，単位時間当りに処理される平均呼数は $1/t_0$ である。したがって，正常に処理するためには $\lambda < 1/t_0$ となる必要がある。単位時間当りの到来呼数 λ に対して，処理能力 $1/t_0$ が上回っていなければ，呼がメモリに滞積し有限時間内に処理が完了しない。よって，正常処理の条件は，$\lambda t_0 < 1$ となる。λt_0 を**利用率**といい，サービスに使用される処理能力の割合を示している。

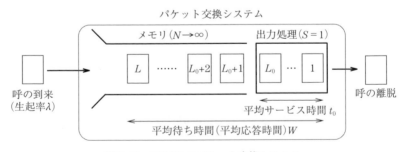

図 7.10 $M/M/1$ のパケット交換システム

交換システムに留まっている呼数が r となる確率 P_r を求める。呼を蓄積するメモリ $N \to \infty$ ですべての確率の和は 1 だから，式 (7.8) のようになる。

$$\sum_{r=0}^{\infty} P_r = 1 \tag{7.8}$$

たかだか一つの呼が到来もしくは処理が完了する非常に短い時間 Δt を考える。呼が到来する確率は $\lambda \Delta t$，処理が完了する確率は $\Delta t/t_0$ であるから，**図 7.11** のような状態遷移となる。

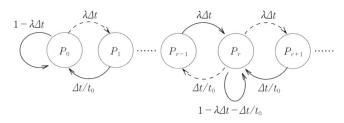

図 7.11 待機中の呼数 r の状態遷移

図に示す状態遷移の関係式は式 (7.9)，(7.10) のようになる。

$$P_0 = (1 - \lambda \Delta t)P_0 + \frac{\Delta t}{t_0}P_1 \tag{7.9}$$

$$P_r = \lambda \Delta t P_{r-1} + \left(1 - \lambda \Delta t - \frac{\Delta t}{t_0}\right)P_r + \frac{\Delta t}{t_0}P_{r+1} \quad (1 \leqq r) \tag{7.10}$$

式 (7.9)，(7.10) を解くと，$\rho = \lambda t_0$ として $P_r = \rho^r P_0$ となるから，式 (7.8) および $\rho < 1$ より，式 (7.11) を得る。

$$P_0 = \frac{1}{\sum_{r=0}^{\infty} \rho^r} = 1 - \rho \quad \therefore \quad P_r = \rho^r(1 - \rho) \tag{7.11}$$

システムに留まっている平均呼数 L は r の期待値であるから，式 (7.12) で表せる。

$$L = \sum_{r=0}^{\infty} r P_r = (1 - \rho)\sum_{r=0}^{\infty} r\rho^r = \frac{\rho}{1 - \rho} \tag{7.12}$$

リトルの公式 $L = \lambda W$ より，平均待ち時間 W は式 (7.13) のようになる。

$$W = \frac{L}{\lambda} = \frac{1}{\lambda}\frac{\rho}{1 - \rho} = \frac{t_0}{1 - \rho} \tag{7.13}$$

式 (7.13) より，利用率 ρ が 1 に近づくと平均待ち時間 W が急激に増大することがわかる。

章 末 問 題

7.1 回線交換およびパケット交換のメリットとデメリットをそれぞれ述べよ。

7.2 通信ネットワークの代表的なトポロジーを三つあげよ。

7.3 次の各問いに答えよ。

（1） 回線交換機に入力される平均呼量が 60〔erl〕のとき，呼損率を 0.01 以下にするには出回線を何回線以上にすればよいか。また，呼損率を 0.001 以下にする場合は出回線は何回線以上必要か。図 7.9 から読み取れ。

（2） ある企業で内線通話を調査したところ，通話数が 1 時間当り 120 回，平均通話時間が 90 秒であった。内線の呼量は何アーランか。

（3） 180 台の電話機のトラヒックを調べたところ，電話機 1 台当りの呼の発生頻度は 3 分に 1 回，平均回線保留時間は 80 秒であった。このときの呼量は何アーランか。

（4） 20 台の電話機のトラヒック量を調べたところ，電話機 1 台当りの呼の発生頻度（発着呼の合計）は 6 分に 1 回，平均回線保留時間は 36 秒であった。このときの呼量は何アーランか。

7.4 総務省が発行している白書『通信量からみた我が国の通信利用状況（平成 23 年度）』によれば，固定電話（加入電話，ISDN，公衆電話）からの通信回数は 350.9 億回，総通信時間は 1 092 百万時間だった。

（1） 呼の平均保留時間は何秒か。

（2） 固定電話の加入者交換局（→ 8.2 節）が 1 600 局あるとして，1 局当りの平均呼量を求めよ。

7.5 ある店舗で 8 人の客が並んで待っている。2 分に 1 人の来客があるとすると，待ち時間は何分か。リトルの公式から求めよ。

8

固定電話網

8.1 固定通信サービスの変遷

　固定通信とは，通信端末がある地点で固定的に使用される形態である。端末が有線接続される場合が多いが，無線の場合もある。固定通信サービスは，電信，電話，FAX，データ，インターネットと多様化してきた。ケーブルテレビは地上波テレビ放送の難視聴地域解消を目的に誕生したが，後に双方向の通

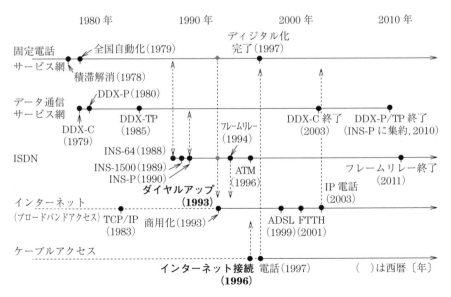

図8.1　日本における主な有線固定通信サービスの変遷

信機能が導入されて電話やインターネットにも利用されるようになった。図 8.1 に，日本における有線固定通信サービスの変遷を示す。

8.1.1 電話網の完成

1978（昭和 53）年，固定電話が希望する全世帯に行き渡り（これを**積滞解消**という），翌 1979 年には即時自動接続の全国展開が完了する。以後，1980 年代に入りネットワークのディジタル化が順次なされ，1997 年に完成する。この間，中継伝送技術と交換処理能力の向上に伴い，固定電話網のネットワーク構成が変更されている。

8.1.2 データ通信網の登場

データ通信サービスは，当時の日本電信電話公社（現 NTT）によって 1979 年に回線交換方式により DDX-C（digital data exchange-circuit）として開始され，銀行間のデータ通信などに用いられた。1980 年にはパケット交換方式による DDX-P が始まる。これは国際電気通信連合（CCITT，後の ITU-T）の技術勧告 **X.25** に準じた方式で，1984 年には国際接続されている。DDX-P はコネクション型パケット交換（→ 7.2 節）であり，通信に先立ってパケット転送の経路設定を行う。企業におけるホストコンピュータとダム端末（入力と表示を行うだけの端末）間の通信やパソコン通信などに用いられた。DDX-P では，電話回線とは別に加入回線を設置する必要があったが，DDX-TP では電話回線と共用できるようになり，ホームバンキングなどに使われた。通信速度は 4.8 kbps であった。

8.1.3 統合ディジタル網と ATM

1988 年に開始された **ISDN**（integrated service digital network）は，音声とデータ通信を統合した UNI（user network interface）で提供される通信サービスである。ISDN には基本インタフェース（BRI）と 1 次群インタフェース（PRI）の 2 種類があり，BRI では 64 kbps の B チャネルが二つと，16 kbps の

Dチャネルが一つの2B+Dが提供される．Bチャネルは回線サービスに，Dチャネルはパケットサービスに用いることができる．PRIでは23本のBチャネルと1本のDチャネル（64 kbps）が同時に利用でき，企業などの大口顧客を中心に利用された．1990年に始まるINS-PはISDNによるX.25規格のパケット通信サービスで，DDX-Pと相互乗入れがなされ，ホストコンピュータとの通信や店舗の売上管理システム，クレジットカードの信用照会などに利用された．DDX-PはINS-Pに取って代わられるようになり，2010年にサービス終了となった．

X.25では，パケットの転送過程で生じる伝送誤りやパケット損失に対処するため，パケット転送時の制御に多くの処理を要した．一方，中継回線や端末の性能向上に伴い，これらの処理を緩和しても通信が十分実用的で，むしろ転送速度の向上が図られることから，X.25を基本としつつ誤り制御とフロー制御を簡素化した**フレームリレー**が1990年代に登場した．誤り制御とフロー制御をユーザ端末が受け持つことで，ベストエフォット型ではあるが転送速度は1.5〜2 Mbpsであった．主に企業間で利用されたが，インターネット普及に伴い2011年にサービスを終了している．

ISDNには，回線交換とパケット交換のサービスをUNIのみならず交換機においても統合する狙いがあった．これを実現したのが**ATM**（asynchronous transfer mode；非同期転送モード）である．ATMに対して，7.1.1項で述べた時分割型の回線交換は**STM**（synchronous transfer mode）に分類される．STMでは，**図8.2**（a）で示すように，データを運ぶ時間軸上の区間（これを**スロット**という）が固定されていて，スロット番号によって転送先が決まる．この処理は比較的単純で，高速化に向いているものの柔軟性に欠ける．

もう一方のパケット交換においては，パケットごとにヘッダを備えることで柔軟な情報転送を実現する．しかし，通常のパケット交換ではパケット長が一定でなくヘッダ位置を限定できないため，パケット交換機はデータをつねに監視する必要がある〔図(b)〕．

ATMは一種のパケット交換ではあるが，短い固定パケット長に特徴があ

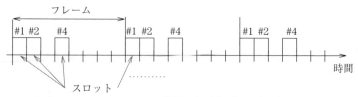

（a） STMでは，スロット位置が転送先（チャネル）に対応する

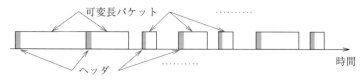

（b） 可変長パケット転送ではパケット間隔が不均一

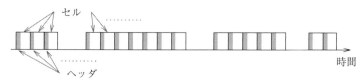

（c） ATMではヘッダが一定間隔になる

図8.2 転送モードによる違い

る。ATMではデータの区切りを特に**セル**と呼ぶ。セルが固定長なので図（c）に示すようにヘッダ位置が特定される。このためATMは高速なハードウェア処理に適している。また，パケット交換では一般に一つのパケットを最後まで受信してから転送するため，パケットが長くなるほど転送遅延が大きくなる。これは，音声通話のように遅延に大きな品質の影響を受けるサービスで問題となる。ATMではセル長を53バイト（うち，ヘッダは5バイト）に抑えることで転送遅延を小さくしている。

ATMは，マルチメディア時代の伝送交換技術として1997年に登場し，現在でもコア網（→8.2節）に利用されている。近年，ハードウェアの高性能化により，後述するIP方式に対する優位性が薄れつつある。

8.1.4 インターネットの登場

インターネットは，実験・研究を用途に 1969 年に米国で始まった ARPANET が源流とされる。商用目的で開発された電話網やパケット網（これらを**テレコムネットワーク**という）と異なり，自らがユーザとなる大学や研究機関の主導で ARPANET が始まった。インターネットの商用化は 1990 年代である。**IP**（internet protocol）とは，インターネット通信で用いられる**プロトコル**（**通信規約**）[†] を指す。IP はパケット交換を前提としているが，テレコム系のパケット交換網とは設計思想が異なっている。ネットワークはパケットを相手に届けることに特化させ，種々の処理（例えばパケットの組立分解）や誤り制御などは端末が担う，という考え方に基づいている。このように機能をシンプルにしたネットワークは **stupid network** と呼ばれる。近年，端末の高性能化で IP が広く普及している。コア網とアクセス網（→ 8.2 節）を IP 化する ALL IP 構想も発表されている。

8.2 固定電話網の構成

固定電話網の構成は，ディジタル化の前後で大きく変わっている。現在の固定電話網の構成は，**図 8.3** に示すような **2 階層のスター型構成**を基本とする。

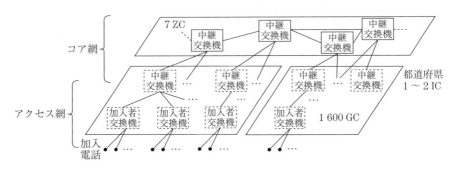

図 8.3 現在の固定電話網の構成（2 階層のスター型構成）

[†] 通信装置の間でやり取りされるメッセージの種類や手順を定めたもの。

端末(固定電話)が収容される交換機を**加入者交換機**(local switch；**LS**)といい，端末から加入者交換機までの区間で構成される網を**アクセス網**という。アクセス網におけるリンクは加入者線，ノードは固定電話機(エンドノード)と加入者交換機(サービスノード)である。交換機どうしを結ぶ交換機を**中継交換機**(toll switch；**TS**)といい，交換機をノードとして構成する網を**コア網**という。コア網におけるエンドノードは加入者交換機，サービスノードは中継交換機，リンクは中継回線である。アクセス網とコア網の区別は固定電話網に限った話ではなく，情報通信ネットワーク一般に当てはめる考え方である。IP網で交換機能を担うルータには，端末が接続されている**エッジルータ**と，ルータどうしが接続される**コアルータ**がある。

8.2.1 電話局

交換機が収容される電話局には次の種類がある。

- ZC(zone center；中継交換局)：県をまたぐ中継を行う中継交換機が設置されている。ZCの中継交換機はメッシュ状につながっている。国内に7ヶ所程度ある。
- IC(intermediate center；区域内中継局)：県内で回線を折り返す中継交換機が設置されている。都道府県ごとに1〜2ヶ所程度ある。
- GC(group center；加入者交換局)：加入者交換機が設置されている。全国で約1600局，東京都23区では約100局，宮城県内は10局前後ある。
- UC(unit center；単位局)：電話交換機を設置していない無人の電話局。地方にあり，各家庭からの電話線を束ねる。全国で約5000ヶ所ある。

8.2.2 冗長構成

スター型構成の弱点である障害時のリスクを減らすため，中継交換機と中継ケーブルを完全二重化している。電話局自体の障害に備えて，二重の中継交換機は別の電話局に設置されている。正常時は，二重化している中継ケーブルと中継交換機に均等に通話を割り振り，負荷が50％以下となるように運用され

8.2.3 ネットワークの物理構成

図8.3,および**図8.4**に示すネットワークの構成は,実際の中継ケーブルの経路を忠実に表しているわけではない。必要な中継ケーブルのすべてを最短の経路で敷設することは,ケーブル敷設コストの観点で現実的ではない。実際には**図8.5**(a)に示すように,距離が近い電話局どうしがリング状につながれ,そのリングが別のリングに結ばれてネットワークが構成されている。リングの中を複数の中継ケーブルが通っていて,経路は同じでも接続先が違う中継ケーブルがある。中継ケーブルの経路で見たネットワーク構成を**ネットワークの物理構成**といい,図8.5(a)がそれに相当する。これに対してノード間の接続(リンク)で見た構成は論理構成である。例えば,図8.5(b)において局Aと局3をつなぐリンクは,図8.5(a)において局Aから局2を経由して局3に接続される中継ケーブルで実現できる。その中継ケーブルは局2を経由しているだけで局2とは接続していない。このようにネットワークには,リンクの構造でとらえた論理構成と中継ケーブルの経路で見た物理構成がある。

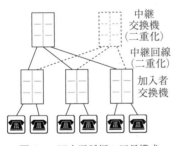

図8.4 固定電話網の冗長構成

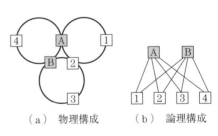

図8.5 ネットワークの物理構成と論理構成

8.2.4 加入者回線の物理構成

加入者交換局から各家庭へは,地下管路から電信柱に配線され,架空にあるクロージャにおいてカッドケーブルから分岐した電話線が各住宅へ引き落とされ,保安器を介して屋内の電話機に接続されている。**図8.6**に,電話局から各

112 8. 固定電話網

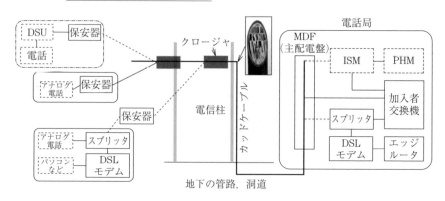

図 8.6 加入者回線の構成図

家庭へメタリックケーブル（銅線）で接続されている場合の加入者回線の構成図を示す。カッド（quad）とは，電話線の単位で1対（2本の銅線）を2組束ねた4本の銅線からなる。カッドケーブルは200カッド（800本の銅線）からなる。保安器は電話線に異常な電圧や電流が加わったときに端末を保護する役割を持つ。MDF（主配電盤）は，各家庭へ配線されるケーブルの端子が整理された盤であり，配線に変更があった場合の対処をしやすくしている。

図では，2B＋DのISDNサービスに加入している場合と，ADSLサービスに加入している場合の構成も含めている。ISDNサービスでは加入者宅内に設置される**DSU**（digital service unit；ディジタル回線終端装置）がISDNの基本インタフェースを提供する。アナログ電話を接続するには，DSUとの間に**TA**（terminal adapter）が必要となる。一方，電話局側には**ISM**（I-interface subscriber module）がDSUと対向する形であり，ISDNの回線交換は加入者交換機を，パケット交換は**PHM**（packet handling module）を介して，それぞれのサービスが提供される。

ADSL（asymmetric digital subscriber line）は，1本の電話線にアナログ電話とデータ通信を多重するものである。データ通信の速度が上り（家庭→電話局）と下り（電話局→家庭）で非対称なことからこの名称が付いている（下り速度が上りよりも速い）。スプリッタが1本の加入者線をアナログ電話回線とデータ通信回線に分岐させ，それぞれのインタフェース機能を提供する。

8.3 番号計画

　公衆電話網の電話番号は，国内では電気通信事業法に基づく総務省令でその体系が定められ，国際的には ITU-T の勧告 E.164 によって一意に定まるようになっている。

　国内の固定電話番号は，0 で始まる 10 桁で構成されている。その構造を，"0-ABCDE-FGHJ" と書く。先頭の 0 を国内プレフィックスという。A と B は 0 にならない。ABCDE は 1〜4 桁の市外局番と 4〜1 桁の市内局番である。例えば，東京 23 区では市外局番が A = 3，市内局番は BCDE の 4 桁である。仙台では市外局番が AB = 22，市内局番は CDE の 3 桁である。市内局番は総務省が電気通信事業者に指定するもので，地域の概念はない。FGHJ は加入者番号と呼ばれるもので，電気通信事業者が加入者に割り当てる。

　E.164 で定められる国際電話番号は最大 15 桁で，1〜3 桁の国番号（country code；CC），国内宛先番号（national destination code；NDC），加入者番号（subscriber number；SN）で構成される。例えば，国内電話番号が 03-1234-5678 であれば，その国際電話番号は，日本の国番号 81 に国内プレフィックスの 0 を除いた国内電話番号を加えて，＋81-31234-5678 になる。

8.4　共通線信号網

　電話網を形成する交換機は，電話回線の設定や制御に関するメッセージをやり取りするために，電話網とは別のネットワークも形成している。これを**共通線信号網**という。固定電話システムの中枢ともいえるきわめて重要なネットワークなので，共通線信号網は二重化されており，それぞれを A 面，B 面と呼ぶ。すべての電話交換機は A 面と B 面の両方に接続されている。

　共通線信号網内で，電話網の交換機どうしのメッセージ（共通線信号メッセージ）を交換する **STP**（signal transfer point；**信号中継交換機**）が存在する。

114   8. 固定電話網

共通線信号網においては，電話交換機がエンドノードでSTPがサービスノードである。STPはA面とB面にそれぞれ10台が稼働している。STPが設置された電話局はA面とB面のどちらか一方にだけ属している（**図8.7**）。これは，1ヶ所の電話局が何らかの事態に巻き込まれても，他の面は正常に動作するようにするためである。A面とB面はSTPが設置された10のエリアで信号を横断させることができるが，正常時はそれぞれの信号を交えずに負荷分散して運用している。

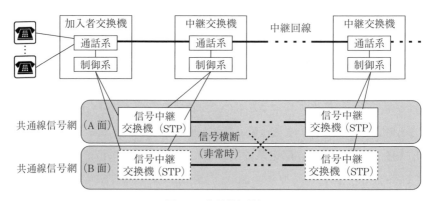

図8.7　共通線信号網

8.4.1　共通線信号プロトコル

電話交換機どうしが電話をつなぐために（電話網を制御するために）情報をやり取りする。そのための通信規約が共通線信号プロトコルであり，レベル1から4までが定められている。レベル1は変調方式などの物理レベルの規定がなされており，レベル2ではフレームの構成や誤り制御などのデータレベルの規定が，レベル3ではメッセージの経路設定に関するネットワークレベルの規定がそれぞれなされている。レベル4では，**表8.1**に示すようなメッセージ内容が規定されている。

8.4 共通線信号網

表 8.1 共通線信号プロトコルの主なメッセージ

メッセージ名称	意味	主な情報
initial address message (IAM)； アドレスメッセージ	発信側から着信側の交換機宛に回線接続を要求	発信者番号，接続先番号，中継回線（CIC）番号，サービス種別（音声／データ）
address complete message（ACM）； アドレス完了メッセージ	IAM に対する着信側交換機からの応答	着信端末の状態（呼出し開始，話し中など）
call progress（CPG）； 呼経過メッセージ	着信端末呼出しの経過報告を着信側から発信側交換機へ通知	着信端末の状態（呼出し中など）
answer message（ANM）； 応答メッセージ	着ユーザが電話に応答して接続完了したことを通知	
release（REL）； 切断	回線の切断・解放を要求	切断要求の理由
release complete（RLC）； 復旧完了	回線切断・解放を完了したことを通知	

8.4.2 発着信時の動作例

今，A さん宅から B さん宅へ電話をかけるものとする。そのときの発着信時の動作例は①〜⑪のようになる（図 8.8）。

① オフフック検知とダイヤルトーン送出

各家庭の電話機と加入者交換機の間で電気回路（直流 48 V）が構成されており，A さんが受話器を上げる（これをオフフックという）と，加入者交換機 LS（X）がそれを検知する。オフフックによりその回路が閉じ，電流が流れる。これを加入者交換機が検知する。加入者交換機から「ツー」音を電話機に送出する。これをダイヤルトーンといい，日本では 400 Hz の正弦波，米国では 350 Hz と 440 Hz の和音である。

② 発信番号の読取り

A さんがダイヤルした B さんの番号は，プッシュ回線では和音で，ダイヤル回線ではパルスの回数で加入者交換機 LS（X）に伝わる。

③ 中継ケーブルの割出し

加入者交換機 LS（X）は，相手の電話番号から接続する電話交換機と中継

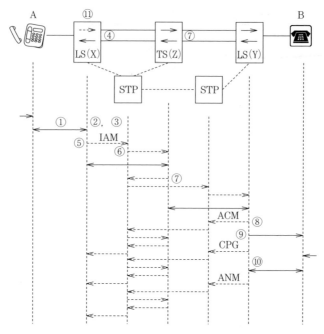

図 8.8 固定電話の発呼から接続までの流れ

ケーブルの番号を割り出す。このための情報がトランスレータである。トランスレータは運用担当者が設定し，すべての電話交換機の記憶装置に保持されている。

④ 中継回線の確保

加入者交換機 LS（X）は，中継ケーブルの中の空いている回線を予約し，逆方向の通話路を連結する。順方向は相手が応答するまで接続しない。順方向を接続すると，課金が発生する。

⑤ 加入者交換機からの IAM 送出

加入者交換機 LS（X）は，その中継回線番号（これを CIC 番号という）と接続先電話番号（着番号）を含んだ IAM メッセージを，STP に送る。

⑥ STP による IAM 転送

STP は，共通線信号フレームのルーチング ラベルに書いてある宛先の信号局コードから，接続エリアを判断する。同じエリアであれば，直接その電話交換機に IAM メッセージを転送する。他のエリアであれば，そのエリアの STP

にIAMメッセージを転送する。

⑦ 中継交換機でのIAM処理

IAMを受け取った中継交換機TS（Z）は，IAMの中の「着番号」とトランスレータを突き合わせ，次の電話交換機と結ぶ中継ケーブルを探す。その中継ケーブルの中から空いている回線を選択し，中継する回線どうしを順方向と逆方向の両方で連結する。

次の電話交換機に送るIAMを作成しSTPへ送る。IAMには，着番号（受け取ったIAMと同一），新たに接続する中継回線の番号（CIC番号），次の電話交換機の信号局コードが設定される。

⑧ 着信側の加入者交換機での処理/ACM送出

加入者交換機LS（Y）は，IAMを受け取り，トランスレータを調べて，自分が接続先の電話を収容していることを知る。IAMを受け取った応答として，ACMを作成し，STPへ送信する。ACMは，IAMと逆の経路で発信側の加入者交換機LS（X）に届く。ACMには，「話し中」かどうかなど着信側に関する情報が入っている。発信側の加入者交換機がACMを受け取り，相手が話し中であるとわかったら，発信者に話中音[1]を流す。

⑨ 加入者交換機での呼出し

着信者が話し中でなければ，着信側の加入者交換機LS(Y)は着信側電話機のベルを鳴らす。着信側電話機のベルを鳴らすのは呼出し信号といわれる断続的な交流信号で，電話機はこの信号を受け取るとベルを鳴らすようになっている。

また，加入者交換機LS（Y）はIAMを送ってきた中継交換機TS（Z）に対して「呼出し中」であることを伝える（CPGメッセージを送る）とともに，電話回線を介して発信側の電話機Aに呼出し音[2]を送る。

---

[1] 「プー・プー・プー」という音。ビジートーンともいう。日本ではダイヤルトーンと同じ400 Hz，米国では480 Hzと620 Hzの和音。ともに0.5秒でオンオフを繰り返す断続音。

[2] リングバックトーンともいう。日本では16 Hzの信号で400 Hzの信号を振幅変調したものを1秒間送出し，2秒の無音後に繰り返す断続音である。米国では440 Hzと480 Hzの和音を2秒間送出，4秒間オフの断続音である。

118   8. 固定電話網

⑩ 加入者交換機の着信応答処理

着信側ユーザが受話器を取ると，その電話機は電話線の極性を反転させる。これを着信側の加入者交換機 LS（Y）が検出すると，両方向のスイッチを連結し，IAM を送ってきた中継交換機 TS（Z）に「応答あり」のメッセージ（ANM）を送る。

⑪ 加入者交換機の接続処理

ANM を受け取った発信側の加入者交換機 LS（X）は，順方向のスイッチを連結する。このタイミングで課金が開始される。

章 末 問 題

8.1 （ア）〜（オ）欄を埋めよ。
「固定電話ネットワークには電話網と電話交換機を結ぶ （ア） 網がある。固定電話ネットワークの電話交換機には，（イ） 交換機と （ウ） 交換機がある。また，（ア） 網における （エ） は電話交換機どうしがやり取りするメッセージを扱う交換機である。」
「情報をやり取りするための通信規約を （オ） という。」

8.2 固定電話の発着信の際に，電話交換機間でやり取りされる共通線信号メッセージを三つあげ，それぞれの役割を簡単に説明せよ。

8.3 ネットワークの論理構成と物理構成の違いを簡潔に説明せよ。

9

電波伝搬とダイバシチ技術

9.1 自由空間伝搬

電磁波の伝搬に影響を与える物質（電磁波の吸収，反射，回折などを生じさせるもの）が存在しない空間を自由空間という．今，自由空間において，電力 P_t〔W〕の電磁波を全方向に一様に放射したとする（この特性を等方性という）．この波源から距離 d〔m〕における電磁波の電力密度は，球の表面積が $4\pi d^2$ で与えられるから，$P_t/(4\pi d^2)$〔W/m²〕となる．すなわち距離の2乗に反比例する．

特定のアンテナから放射される電磁波の電力密度を等方性のそれとの比率で表し，これを絶対利得という．今，絶対利得 G_t のアンテナから送信電力 P_t〔W〕の電磁波を放射し，その利得が得られる方向へ d〔m〕離れた地点の電力密度は $G_t P_t/(4\pi d^2)$〔W/m²〕となる．その電磁波を実効面積 A_e〔m²〕のアンテナで受信したときの受信電力 P_r〔W〕は，$P_r = A_e G_t P_t/(4\pi d^2)$ で表される．ここで，アンテナの実効面積 A_e と絶対利得 G の間には，一般に $A_e = \lambda^2 G/(4\pi)$ の関係がある．λ は電磁波の波長〔m〕である．よって，受信アンテナ利得を G_r とすると

$$P_r = G_r G_t P_t \left(\frac{\lambda}{4\pi d}\right)^2 \tag{9.1}$$

と書ける．これを**フリスの伝達公式**といい，$(4\pi d/\lambda)^2$ を**自由空間伝搬損失**という．固定衛星通信ではこの関係を用いて回線設計がなされる（→ 11 章）．

9.2 陸上移動伝送路

一方，携帯電話などの陸上移動通信では，樹木，山岳やさまざまな建造物に囲まれた環境で行うことが一般的であり，その伝搬特性は複雑となる。このような環境下での通信回線は，伝送路の統計的な性質を踏まえて設計される。

9.2.1 見通し（LOS）と見通し外（NLOS）

無線通信を行う無線局どうしが見通せる環境を **LOS**（line of sight），見通せない環境を **NLOS**（non line of sight）という。衛星通信はもっぱら LOS 環境で行うが，陸上移動通信では移動局のアンテナ高が低く基地局（→ 10.2 節）を見通せないことが多い。すなわち，陸上移動通信は NLOS 環境となることが多く，LOS 環境に比べて受信強度が不安定となる。

9.2.2 NLOS 環境における受信強度の変動

基地局と移動局の間で無線信号をやり取りするとき，送信出力が一定でも受信強度は一般に変動する。その要因は主として，基地局–移動局間の距離，移動局周辺の建物などによる電波の遮蔽効果，基地局と移動局の間に存在する複数の電波経路間の位相差，などの変化によって生じる。

距離による変動は，比較的長い区間にわたって観測したときに顕著に現れるものであり，これを**長区間変動**という（距離変動ともいう）。一方，受信信号強度の変化を数十メートル程度の区間で見たとき，その中央値は主に移動局周辺の遮蔽効果によって変動する。これを**短区間変動**という。短区間中央値に対する受信強度の変動を**瞬時変動**といい，最も急激な変動になる。これら変動の関係を**図 9.1**に示す。長区間変動をもたらす電波の減衰を**距離減衰**といい，短区間変動をもたらす減衰を**シャドイング減衰**という。

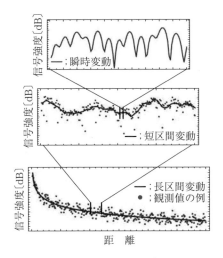

図 9.1 NLOS 環境での受信信号強度の変化

9.2.3 距離減衰

距離減衰 L_p は距離 d のべき乗に比例し，係数 a, b を用いて $L_p = ad^b$ と書ける。dB 表現で距離減衰を表すと，$L_p(d) = A + B\log_{10}(d)$〔dB〕となる。ここで，$A = 10\log_{10}(a)$ と $B = 10b$ は環境や周波数などで異なる。自由空間では $b = 2$ だが，NLOS 環境では減衰を伴う透過や反射，回折を経て電波が受信点に到達するため 2 より大きくなり，市街地では $b = 4$（$B = 40$）程度である。

9.2.4 シャドイング減衰

シャドイング減衰は移動局の周辺環境に依存するため，その量を一意に推定することは難しく，一般に確率変数として扱う。シャドイング減衰 L_s〔dB〕は，平均 0 dB の正規分布[†]に従う確率変数と見なすことができる。その標準偏差 σ は周波数や環境で異なり，市街地で 6～8 dB（800 MHz 帯），8～10 dB（2 GHz 帯）程度であることが知られている。L_s〔dB〕の確率密度関数 $p(L_s)$ は

[†] シャドイング減衰量を dB 単位でなく真数でとらえると，対数正規分布になる。

$$p(L_s) = \frac{1}{\sqrt{2\pi}\sigma} e^{-L_s{}^2/(2\sigma^2)} \tag{9.2}$$

と表せる。

9.2.5 マルチパス伝送路と瞬時変動

陸上移動通信では，送信局から発せられた電波は反射や透過，回折などを経て受信局に到達する。その経路は一般に複数あり，マルチパス伝送路と呼ばれる。行路差や反射などの状況の違いにより，受信局に到来する電波の位相はパスごとに異なっている。位相が異なる複数の到来波が合成されるとき，位相関係により波は強め合ったり打ち消し合ったりする（**図 9.2**）。

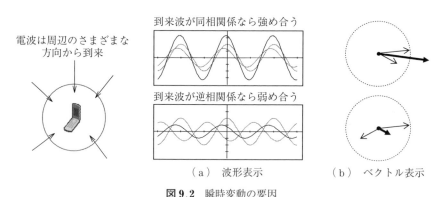

図 9.2 瞬時変動の要因

この位相関係は半波長程度の距離の違いでまったく異なる状況となるので，わずかな移動によって受信信号強度が大きく変動する。これが瞬時変動である。瞬時変動を伴う信号強度 R の確率密度関数 $p(R)$ は，a を係数として式 (9.3) で表されるレイリー分布となる。

$$p(R) = \frac{R}{a^2} \exp\left(-\frac{R^2}{2a^2}\right) \tag{9.3}$$

このことから，瞬時変動は**レイリーフェージング**あるいは**レイリー変動**とも呼ばれる。瞬時変動による受信電力 γ の分布は，確率密度関数

$$p(\gamma) = \frac{1}{\Gamma} \exp\left(-\frac{\gamma}{\Gamma}\right) \tag{9.4}$$

で与えられる指数分布となる。ここで，Γ は平均受信電力である。

9.2.6 ドップラー広がり

今，移動局が速さ v で移動し，その進行方向と電波の到来方向の角度差を θ とすると，ドップラー効果により到来波の周波数が $f_c v \cos\theta/c = f_D \cos\theta$ だけシフト（ドップラーシフト）する。ここで，c は電波の進む速さ，f_c は到来波の周波数であり，$f_D = f_c v/c$ を**最大ドップラー周波数**という。マルチパス環境では，複数の到来波があらゆる方向から一様な確率で移動局に到達すると考えられるから，異なるドップラーシフトを持つ複数の到来波が合成されて受信される。その結果，受信信号のスペクトルは $\pm f_D$ の範囲に広がることとなる。これをドップラー広がりといい，時間領域の現象である瞬時変動を周波数領域で見ることに相当する。瞬時受信電力が平均受信電力を上下する頻度は，おおむね f_D に等しい。

9.2.7 遅延プロファイルと遅延スプレッド

マルチパス伝送路の特性を表すのに**図 9.3**(b) のグラフのような**遅延プロファイル**が用いられる。横軸をパスごとの伝搬遅延時間 τ，縦軸をパスの電力強度 P_r に取りグラフ化したものである。電力で重み付け平均した平均到達時間 τ_m は式 (9.5) で求められる。**遅延スプレッド**（遅延広がり）τ_d はマルチパスの到来時間の広がりを表す量であり，式 (9.7) で与えられる。典型的な屋外の

（a）マルチパス伝送路

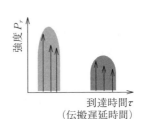
（b）遅延プロファイル

図 9.3 マルチパス伝送路と遅延プロファイル

遅延スプレッドは，市街地で $2\,\mu s$ 程度，盆地で $10\,\mu s$ 程度，屋内ホールでは $0.1\,\mu s$ 程度である。

$$\tau_m = \frac{1}{P_m} \int_0^\infty \tau P_r(\tau) d\tau \tag{9.5}$$

$$P_m = \int_0^\infty P_r(\tau) d\tau \tag{9.6}$$

$$\tau_d = \left[\frac{1}{P_m} \int_0^\infty \tau^2 P_r(\tau) d\tau - \tau_m^2 \right]^{1/2} \tag{9.7}$$

9.2.8 マルチパス歪み

遅延スプレッドが大きい環境で無線信号を受信すると，復調が難しくなる程度に波形の相似性が崩れることがある。これを**マルチパス歪み**という。音響でたとえるならば，エコーが効いた状況では話が聞き取れないことがある。エコーが強いほど話は聞き取りにくくなり，またわずかなエコーであっても早口であるほど話が聞き取りにくくなるであろう。同じことが電波伝搬でも生じるのである。

今，マルチパス伝送路を介して送受信する無線信号の帯域幅を W，遅延スプレッドを τ_d とすると，$W \ll 1/\tau_d$ であればマルチパス歪みは無視できる。この様子を図 **9.4** に示す。W が小さいとは，伝送速度が低い（変調シンボル長が長い）ことを意味しており，遅延スプレッド τ_d が変調シンボルの長さ T に比べて十分小さいとき，前後の変調シンボルによる干渉は無視できるのである。これを周波数領域で見ると，伝送帯域幅 W の区間で受信電力密度が一定値（フラット）となる。マルチパス歪みが無視できるとき，マルチパス伝送路の影響はこの一定値（受信電力密度）が時間変動する瞬時変動のみとなることから，このような状況をフラットレイリーという。また，マルチパス伝送路において受信電力密度が一定と見なせる帯域幅を**コヒーレンス帯域幅**といい，おおむね $1/\tau_d$ に等しくなる。

一方，W に対して $1/\tau_d$ が同程度以上であれば受信信号が歪む。図 **9.5** はディジタル変調波がマルチパス伝送路を介して受信される様子を表している。高

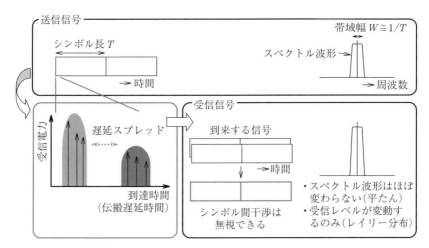

図 9.4 狭帯域伝送におけるマルチパス伝送路の影響

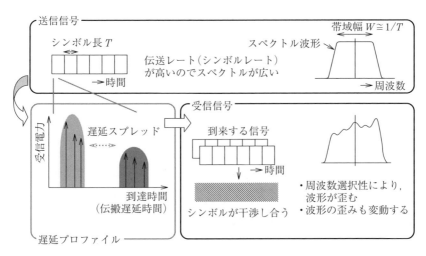

図 9.5 広帯域伝送におけるマルチパス伝送路の影響

速伝送すると変調シンボル長 $T(\cong 1/W)$ が短くなるから，τ_d と同程度になりうる．その場合，遅延波によって前後の変調シンボルの重なり合う（＝干渉し合う）領域が顕著となり，受信信号が歪むことになる．このマルチパス歪みにより正しく信号を復調することができなくなる．この状況を周波数領域で見たものが図 9.5 右下の波形である．帯域幅 W が小さい狭帯域信号であれば

受信波のスペクトルはほぼ平たんと見なせ，歪みは無視できたが，W が大きい広帯域信号はそのスペクトルが波打つような形状で受信されることとなる。このような特性を**周波数選択性**という。

初期の携帯電話システムでは，狭帯域信号を用いた低速通信だったためマルチパス歪みは無視できた。しかし，高速伝送を実現するためにはマルチパス歪みの問題を解決する必要があった。これを果たしたのが，スペクトル拡散（→ 5.7 節）や OFDM（→ 6.3.4 項）である。その技術的理由は次節で述べる。

9.3　ダイバシチ技術

ダイバシチ（diversity）とは多様性の意味であり，複数の独立した変動を合成することで瞬時変動を緩和し安定した受信を図る技術をダイバシチ技術という。複数の地点で送信または受信する**空間ダイバシチ（アンテナダイバシチ）**が代表的であるが，複数の周波数を用いて送受信を行う周波数ダイバシチ，異なる時間で送受信を行う時間ダイバシチ，マルチパスを分離しパスごとに合成する**パスダイバシチ**などがある。

9.3.1　空間ダイバシチ

複数のアンテナで受信するときの瞬時変動は，アンテナ間距離が半波長程度離れていれば，それぞれが独立した変動と見なせる。複数のアンテナを異なる場所に設置してダイバシチ効果を得る手法を，空間ダイバシチという。複数の瞬時変動が同時に劣化する確率は小さくなるから，複数のアンテナで受信した信号を合成することで，受信レベルが落ち込む頻度を軽減させる。受信信号のダイバシチ合成法として，**図 9.6** に示すような，**選択合成**，**等利得合成**，**最大比合成**の三つがある。

（1）選択合成　　選択合成とは，複数の受信信号の中で最大の信号を選択して出力する方法である。切替え後の受信信号は包絡線や位相が不連続になるので，異なる受信機でそれぞれ独立に検波するなどして，復調信号は連続にな

9.3 ダイバシチ技術

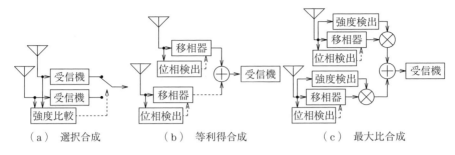

(a) 選択合成　　　(b) 等利得合成　　　(c) 最大比合成

図 9.6 ダイバシチ合成方法

るように構成されている。選択されなかったアンテナの受信電力は復調信号に生かされない。

今，送信波形を $x(t)$，n 番目のアンテナで受信した信号の複素振幅を $a_n(t)$ とすると，選択合成後の出力 $y(t)$ は，式 (9.8) のように表せる[†]。

$$y(t) = a_i(t)x(t), \quad \text{ただし，} i = \arg\max(|a_n|) \tag{9.8}$$

簡単のため，アンテナ数を 2 として，選択合成後の瞬時受信電力 γ の確率密度関数 $p(\gamma)$ を求めてみよう。各アンテナの平均受信電力は等しく Γ であるとする。アンテナ i ($i = 1, 2$) の瞬時受信電力を γ_i とすると，$\gamma \leqq r$ となる累積確率 $P(\gamma \leqq r)$ は，式 (9.4) を **図 9.7** の範囲で積分して求められる。

$$P(\gamma \leqq r) = \int_0^r \int_0^r \frac{1}{\Gamma} e^{-\gamma_1/\Gamma} \frac{1}{\Gamma} e^{-\gamma_2/\Gamma} d\gamma_2 \, d\gamma_1 = (1 - e^{-r/\Gamma})^2 \tag{9.9}$$

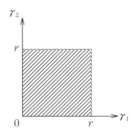

図 9.7 $p(\gamma < r)$ の積分範囲

[†] $i = \arg\max(x_n)$ は，$x_1, x_2, \cdots$ の中で x_i が最大となることを意味する。

よって

$$p(\gamma) = \frac{dP(\gamma \leq r)}{dr}\bigg|_{r=\gamma} = \frac{2}{\Gamma}\exp\left(-\frac{\gamma}{\Gamma}\right)\left[1-\exp\left(-\frac{\gamma}{\Gamma}\right)\right] \quad (9.10)$$

となる．一般にアンテナ数を M とすると，式 (9.11) を得る．

$$p(\gamma) = \frac{M}{\Gamma}\exp\left(-\frac{\gamma}{\Gamma}\right)\left[1-\exp\left(-\frac{\gamma}{\Gamma}\right)\right]^{M-1} \quad (9.11)$$

（2） 等利得合成　　複数の受信信号の位相を合わせ，それらを足し合わせて出力する．各アンテナの受信電力が出力信号に寄与するため，特性は選択合成よりもよい．各アンテナで受信した信号の位相を推定し補正する必要がある．2 アンテナの出力を合成した信号 $y(t)$ は，$y(t) = (|a_1(t)| + |a_2(t)|)x(t)$ で与えられる．

（3） 最大比合成　　各アンテナで受信された信号の位相を合わせ，さらにそれぞれの信号の SN 比に応じて重み付けをした後に合成する．理論上，合成後の SN 比が最大となる．それぞれのアンテナ出力の位相と振幅を推定し，重み付け合成をする必要がある．2 アンテナの出力を合成した後の信号 $y(t)$ は，$y(t) = (|a_1(t)|^2 + |a_2(t)|^2)x(t)$ で与えられる．アンテナ数 M の最大比合成を行うと，瞬時受信電力 γ の確率密度関数は式 (9.12) になる．

$$p(\gamma) = \frac{\gamma^{M-1}}{\Gamma^M(M-1)!}\exp\left(-\frac{\gamma}{\Gamma}\right) \quad (9.12)$$

9.3.2　瞬時受信電力の改善

空間ダイバシチに用いる合成方法とアンテナ数 M は，合成後の瞬時受信電力に影響を与える．その確率密度分布を図 **9.8** に示す．ダイバシチを用いない場合（$M=1$）は指数分布であり，瞬時受信電力が小さくなるほどその確率が高い．一方，ダイバシチを用いることで瞬時受信電力の分布は山なりの形状になり，瞬時受信電力が極端に小さくなる確率を抑えることができる．これはダイバシチ受信により瞬時受信電力の変動が小さくなることを意味している．また，選択合成に比べて最大比合成の瞬時受信電力は大きくなることがわかる．図 **9.9** に 2 アンテナダイバシチによる瞬時変動の例を示す．

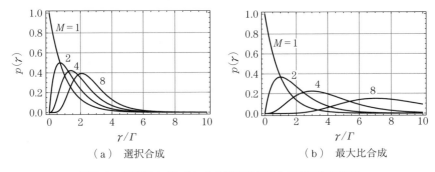

(a) 選択合成　　　　　　　　(b) 最大比合成

図 9.8 空間ダイバシチによる瞬時受信電力の確率密度分布

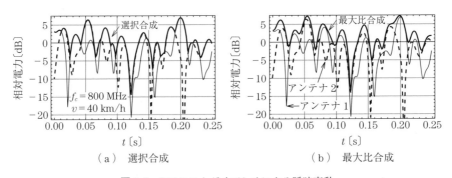

(a) 選択合成　　　　　　　　(b) 最大比合成

図 9.9 2アンテナダイバシチによる瞬時変動

9.3.3 パスダイバシチ（Rake 受信）

スペクトル拡散通信では，送信側と同一の拡散符号を受信側でタイミングを合わせて生成し，逆拡散処理を行うことで信号を復調する。そのタイミングにチップ間隔と比べて無視できないズレがある場合，逆拡散は失敗し信号は復調されない。すなわちスペクトル拡散通信では，パスの伝搬遅延にチップ間隔程度以上の差がある場合，逆拡散のタイミングを変えることでパスを分離できる。このようにしてマルチパスをいくつかのパスに分離して検出し，パスごとに位相と遅延時間を調整した後で合成する方法を Rake 受信といい，**パスダイバシチ**が達成される。合成される一つ一つの要素をフィンガという。

Rake 受信における合成方法は前述と同様に 3 通りあるが，通常は最大比合成が用いられる。**図 9.10** は 3 フィンガの最大比合成に対応した Rake 受信の

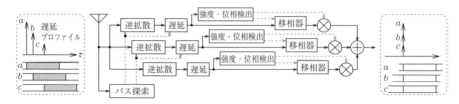

図 9.10 3フィンガ最大比合成に対応した Rake 受信の構成例

構成例である．受信機ではパス探索を行い，検出できたパス（図の左にある $a,\ b,\ c$）のタイミングを逆拡散器と遅延器に伝える．逆拡散器はそれぞれのパスのタイミングに合わせて逆拡散を行い，各パスに含まれる送信波を検波する．逆拡散後の信号に対して，各パスの遅延時間に応じた時間調整を行い，逆拡散信号を合成するときのタイミングを揃える．各パスの強度と位相に応じた重み付けと位相補正が行われた後に，三つの信号が加算される．

2パス伝送路を介したスペクトル拡散信号を Rake 受信する場合について考える．送信信号を $s(t)$，先行波（パス1）の複素振幅を a_1，遅延波（パス2）の複素振幅と遅延時間をそれぞれ a_2 と τ とすると，受信信号 $r(t)$ は式 (9.13) で表される．

$$r(t) = a_1 s(t) + a_2 s(t - \tau) \tag{9.13}$$

この様子を**図 9.11** に示す．$d(k)$ は k 番目の送信シンボルであり，拡散されているものとする．Rake 受信において，フィンガ1ではパス1のタイミング

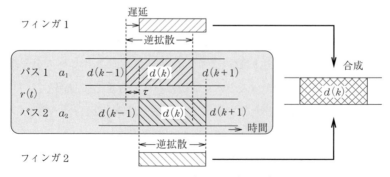

図 9.11 Rake 受信の例（2パス）

で逆拡散を行う。この結果，パス1の経路で到達したシンボルの逆拡散に成功するが，パス2の成分は逆拡散が正しく行えず，フィンガ1に混入する。この成分は雑音のように振る舞う自己干渉である。自己干渉は逆拡散によって処理利得の逆数程度に抑えられている。同様に，フィンガ2ではパス2のタイミングで逆拡散するので，パス2の成分のみからシンボル $d(k)$ を復元し，パス1の成分は自己干渉として残る。フィンガ1の逆拡散はフィンガ2に比べて時間 τ だけ先に行われるので，フィンガ1の逆拡散の結果を時間 τ だけ遅らせてフィンガ2の結果と合成する。

このようにRake受信では，各パスを分離，合成することでレイリーフェージングを抑えて信号品質を安定化するとともに，マルチパス歪みを回避することができる。一方，マルチパスによる自己干渉は避けることができず，高速伝送になるほど（処理利得が小さくなるほど）特性劣化の要因となる。

9.3.4 Rake受信とソフトハンドオフ

Rake受信とソフトハンドオフ（→10.6.2項）は相性がよい。ソフトハンドオフでは，特定の移動局に向けて複数の基地局から同一の信号を送信している。その移動局では，到来する多重波がマルチパスによるものか，別の基地局から送信されたものなのかを，区別する必要はなく，元々のRake受信機の構成でソフトハンドオフに利用できるからである。

9.3.5 OFDMによるマルチパス歪み対策

6.3.5項で述べたように，OFDMは多重方式の名称ではあるが，歪みのある伝送路において高速伝送を実現する技術として近年広く用いられている。この特徴を実現する仕掛けが，次に説明するCP（cyclic prefix）である。

式(6.5)で定義した $s(t,k)$ は，$(k-1)T_s \leq t < kT_s$ の区間で有効な k 番目のOFDMシンボルであるが，定義式自体は t に関して周期 T_s で巡回する周期関数になっているから，どの区間で波形を切り取っても区間長が T_s であれば変調シンボルを完全に取り出せる。すなわち，時間差 Δt をもって波形 $s(t,k)$

を切り取り，m 番目のサブキャリアを検波すると

$$\frac{1}{T_s}\int_{(k-1)T_s}^{kT_s}s(t-\Delta t,k)e^{-j2\pi mf_0 t}dt$$
$$=\frac{1}{T_s}\sum_{n=1}^{N}d(n,k)\int_{(k-1)T_s}^{kT_s}e^{j2\pi\{(n-m)t-n\Delta t\}f_0}dt$$
$$=(-1)^m e^{-j2\pi m\Delta tf_0}d(m,k) \tag{9.14}$$

となるから，位相回転 $e^{-j2\pi m\Delta tf_0}$ が生じるだけで変調シンボル $d(m,k)$ を干渉なしに取り出せることがわかる．そこで，先行波と遅延波が混在するマルチパス環境に適合させるために，シンボルを部分的に繰り返す**図 9.12** のような構造を設ける．本来の OFDM シンボル長は T_s だが，後尾の T_{CP} 長の波形をシンボルの先端に追加することに相当する．この追加する波形を **CP**（cyclic prefix）といい，その長さ（CP 長）を T_{CP} とすると，新たな CP-OFDM シンボル長 T_{OFDM} は $T_{OFDM}=T_s+T_{CP}$ となる．ここで，T_s は有効シンボル長と呼ばれる．このように拡張した OFDM シンボル $s'(t,k)$ と，それによる CP-OFDM 波 $s'(t)$ は式 (9.15) のように表せる．ここで，$u(x)$ は式 (6.5) と同じものである．

$$\left.\begin{array}{l}s'(t)=\sum_{k=1}^{K}s'(t,k)u\left(\dfrac{t}{T_{OFDM}}-k+1\right)\\ s'(t,k)=s[t-(k-1)T_{OFDM}-T_{CP},k]\end{array}\right\} \tag{9.15}$$

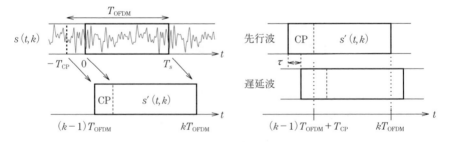

図 9.12 CP-OFDM

式 (9.13) で与えられる 2 パス伝送路を介して CP-OFDM 波を受信したとしよう．受信信号は，$r(t)=a_1 s'(t)+a_2 s'(t-\tau)$ と書ける．ここで，$\tau<T_{CP}$

とする．k番目のシンボルを復元するため，$(k-1)T_{\text{OFDM}} \leq t < kT_{\text{OFDM}}$の範囲から長さ$T_s$の波形を取り出し（これを**CP除去**という），離散フーリエ変換を施す．その時間範囲では$r(t) = a_1 s'(t, k) + a_2 s'(t - \tau, k)$と表せるから，$m$番目のサブキャリアを取り出す操作は式(9.16)で表せる．

$$\frac{1}{T_s} \int_{(k-1)T_{\text{OFDM}} + T_{\text{CP}}}^{kT_{\text{OFDM}}} r(t) e^{-j2\pi m f_0 t} dt$$

$$= \frac{1}{T_s} \int_0^{T_s} [a_1 s(t, k) + a_2 s(t - \tau, k)] e^{-j2\pi m f_0 t} dt$$

$$= (-1)^m (a_1 + a_2 e^{-j2\pi m \tau f_0}) d(m, k) \qquad (9.16)$$

ここで，$s(t, k)$は式(6.5)での定義と同じものである．このように，遅延波の遅れ時間より長いCPを付加することで，干渉成分が混入することなく変調シンボル$d(m, k)$を取り出せることがわかる．

9.3.6　OFDMによる周波数ダイバシチ

9.3.5項では，CPを付加することでマルチパス歪みによる干渉が回避されることを示した．しかし，サブキャリアごとに見ると瞬時変動の影響は残っている．式(9.16)の例では，シンボル$d(m, k)$の振幅が式(9.17)で与えられ，サブキャリア番号mによって変化することがわかる．具体的には$\theta = 180°$（2パスが逆相の関係）となるようなサブキャリアでは振幅が最小になり，$\theta = 0$（同相の関係）では最大になる．これは9.2.8項で述べた周波数選択性である．

$$|a_1 + a_2 e^{-j2\pi m \tau f_0}|$$

$$= \sqrt{|a_1|^2 + |a_2|^2 + 2|a_1||a_2|\cos\theta}, \quad \theta = \arg\left(\frac{a_1}{a_2}\right) + 2\pi m \tau f_0 \qquad (9.17)$$

そこで，伝送誤りを訂正するための付加情報もしくは同一の情報を，十分離れたサブキャリアに割り当てて伝送し，受信後にそれらを合成することで振幅変動を緩和することができる．一般にOFDMでは，このような**周波数ダイバシチ**が用いられている．

このようにOFDMでは，Rake受信のような自己干渉を起こすことなくマルチパス伝送路による歪みを排除し，瞬時変動を緩和することができる．

章 末 問 題

9.1 自由空間において半波長ダイポールアンテナ（絶対利得1.64）から900 MHzの電波を2 Wで送信し，1 km離れた地点で受信するときの電力をフリスの伝達公式から求めよ．受信アンテナも半波長ダイポールアンテナとする．

9.2 陸上移動通信における受信レベルの変動の種類を三つあげ，それぞれの要因を簡潔に説明せよ．

9.3 時速36 kmで移動しながら900 MHzの電波を受信するときの最大ドップラー周波数f_Dを求めよ．また，周波数が2 GHzになるとf_Dはいくつになるか．

9.4 ダイバシチ技術とは，どのような原理で何を改善するのか簡潔に説明せよ．

9.5 式(9.4)と式(5.11)を用いて，レイリー変動を受けたDBPSK波の平均BERを，Γ/Nの関数として求めよ．Nは雑音電力である．変調波の中心周波数やシンボルタイミングは受信側で正しく追従できるものとする．

10 携帯電話システム（セルラシステム）

10.1 携帯電話システムの変遷

　携帯電話システムの始まりは，国内では1979年に東京地区で開始された自動車電話システムに遡る．当時，移動局となる端末の重さは7kg（後に2.4kg）で，消費電力も大きく，自動車に取り付けて使うものであった．カバーエリアは屋外（道路など）のみが考慮された．やがて，肩掛けタイプのショルダーフォンが1986年に，片手で持てる携帯型が1989年に登場する．しかし，この頃はまだ屋内での電波が弱くて使えないことも珍しくなかった．重さ250g程度の携帯電話は1990年代前半に発売され，徐々に携帯電話が広まっていく．モトローラ社のマイクロタックやNTT（当時）のムーバが代表例である．しかし，普及台数は国内では500万台程度が限度であった．一人1台の時代を迎えるには，第2世代以降のディジタル化が必要だったのである．

　第1世代では，アナログ変復調を用いて音声伝送するため電波の受信強度に応じた音声品質になってしまう．また，端末は呼出し信号を常時監視する必要があり，バッテリの持ち時間が標準的な使用条件で半日程度であった．最大の課題は，アナログ方式のままでは回線数を増やすのが困難なことであった．1994年から開始された第2世代携帯電話システムでは，音声符号化による情報圧縮とディジタル伝送による誤り耐性を備え，2000年には6000万台まで普及するに至った．さらに端末待受時に間欠受信が行える仕組みを導入し，端末の待ち受け時間を大幅に向上させた．10.6節で述べるハンドオフ処理の変更

もディジタル化の大きな特徴である。またデータ通信サービスとの親和性も高くなり，メールやテキスト主体の Web サービスも始まった。

第 3 世代携帯電話（3rd generation；3 G）システムでは，CDMA を多元接続方式とし，データ通信の高速化が図られ，さまざまなインターネット系のサービスも実現した。データ通信の定額制も導入された。スマートフォンに代表される高性能端末の登場もあり，移動データ通信の需要は増大し続け，さらなる高速化と大容量化が図られ，現在は 4 G が主流となっている。

10.2 携帯電話網の基本構成

数多くの無線局で，通信エリアを連続してカバーするシステムを**セルラシステム**という。一つの**基地局**（base station；**BS**）がカバーするエリアを，**セル**という。セルは細胞（cell）の意味で，"cell phone" で「携帯電話」を意味する。セルの大きさは 100 m 前後から数キロメートル程度である。国内の基地局台数は，携帯電話事業者 1 社当り 5～10 万台といわれる。基地局は，**無線ネットワーク制御装置**（radio network controller；**RNC**）に複数まとめて制御されている。RNC では，通信中の無線回線の状態を監視し，基地局をまたがる回線制御を司る。このような制御の結果，**移動局**（mobile station；**MS**）は通話しながらセルを移っても回線が途切れず通話が継続できるのである〔これを**ハンドオフ**（→ 10.6 節）という〕。

携帯電話網には，移動局の加入情報や最新の在圏エリアを格納している**HLR**（home location register）があり，交換機が共通線信号網を介してアクセスできるようになっている。加入者交換機（LS）[†1] には，配下の通信エリアにある移動局の情報を一時的に格納する VLR（visitor location register）が設置されており，移動局の正当性を確認する**認証**（→ 10.7 節）や，属性確認などに利用される。加入者交換機と中継交換機（TS）[†2] の役割は，固定電話網

---

† 1, 2 3GPP 規格では，加入者交換機を MSC（mobile-services switching centre），中継交換機／関門交換機を GMSC（gateway MSC）と表記するが，ここでは 8 章と同じ略語で表す。

(→ 8.2 節）とほぼ同じではあるが，HLR や VLR と接続されている点が異なる．接続対象となる端末は居場所が固定されておらず，無線によるアクセスのため有線に比べて不正アクセスされやすいので，これらに対応する手段が設けられている．関門交換機（gate switch ; GS）は，他の網と回線を接続する際に経由する交換機であり，網間の**相互接続点**（point of interface ; **POI**）を経て他網と接続されている．POI は事業者の責任範囲の境界（**責任分界点**）でもある．VLR と LS と RNC，および POI と GS と TS は，それぞれ同一地点にあることが多い．図 10.1 に携帯電話網（回線交換）の構成を示す．

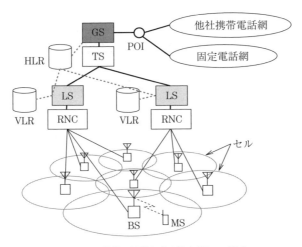

図 10.1 携帯電話網（回線交換）の構成

10.3 無線チャネルの基本構成

　基地局と移動局の間で用いられる無線チャネルには，基地局から移動局へ信号が向かう下り方向と，その逆の上り方向がある．また，すべての移動局が同時に利用する共通チャネルと，特定の移動局に割り当てて使用する個別チャネルに分けられる．下り共通チャネルは，システム共通情報など全移動局が受信

すべき情報を伝える。上り共通チャネルは，移動局から発信するときに使用するチャネルである。下り共通チャネルは一対多の通信形態であり，複数の移動局が同一情報を同時に受信するのだが，上り共通チャネルは多対一の形態であり，複数の移動局が同時にチャネルを使用する可能性がある。その場合，正常に通信ができなくなる。この衝突が起きる確率は一定値以下とするように運用されている。上り共通チャネルは，移動局どうしが競合して用いるランダムアクセス型チャネルである。これに対して，個別チャネルは必要に応じて割り当てて使用するため競合が発生しない。**表 10.1** に無線チャネルの基本構成と情報内容を示す。

表 10.1　無線チャネルの基本構成と情報内容

	共通チャネル	個別チャネル
下り	同期情報，報知情報（システム時刻，セル ID，周辺基地局情報など），着信呼出，位置登録応答，個別チャネル割当て情報，など	音声，通信データ，無線チャネルごとの制御情報，など
上り	位置登録要求，発信要求，着信応答，など	同上。加えて，周辺基地局の電波強度報告，など

10.4　位 置 登 録

携帯電話網では移動局に着信があった場合，その移動局を呼び出す必要がある。移動局が自局の在圏エリアを網に登録する動作を**位置登録**という。その手順は次のとおりである（**図 10.2** 中の ①～⑥）。

① 隣接する複数のセルで一つの位置登録エリアが構成されている。② そのエリア番号を LAC（location area code）といい，基地局からの報知情報として移動局に通知されている。③ 移動局は待受け時に一定の間隔で報知情報を受信し，LAC をチェックする。④ 移動局は現在の基地局からの受信電波が弱くなると周辺基地局の受信を試み，より強い基地局信号を受信する。直前に受信した LAC と現在の LAC が異なる場合，移動局は位置登録エリアが変わったと判

10.5 発着信処理　139

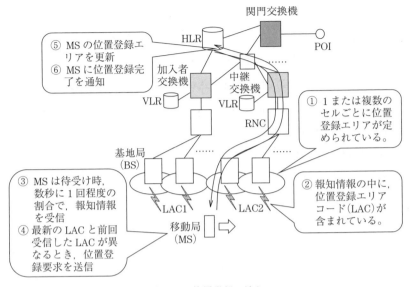

図 10.2 位置登録の流れ

断し，位置登録要求を網に対して行う。⑤ 位置登録要求は HLR に通知され，この移動局の LAC が更新される。⑥ 位置登録が完了したことが移動局に通知される。また，このタイミングで HLR から VLR へ移動局情報がコピーされる。

位置登録エリアを広くすると，1台の移動局を呼び出す基地局数が増すため多くの下りチャネルが必要になるが，位置登録要求の頻度が下がるため，上りチャネルや HLR へのアクセスは少なくて済み，また移動局の送信に伴う電力消費を抑えることができる。このようなトレードオフを考慮した適切な位置登録エリアの設定がなされている。

10.5　発着信処理

0 で始まる携帯電話番号の数字の並びを，"1"と混同しやすい"I"を除いたアルファベット順の記号でおくと，携帯電話番号は 0AB-CDEF-GHJK と表せる。AB は 90，80 または 70 である。続く3桁の数字を **CDE コード**といい，AB と CDE コ

ードの組合せにより，その電話番号を管理する携帯電話事業者が特定される。

今，**図10.3**中の①〜⑦に示すような，同一事業者の携帯電話網内の移動局Aから移動局Bへ電話する場合の動作を説明する。① 移動局Aは発信要求を行いRNCとの間で無線回線が設定される。② 加入者交換機LS(X)は移動局Aが正当であることを確認するために認証を行う。③ これにパスすれば，加入者交換機LS(X)は移動局Aが送出した相手先番号（移動局Bの番号）のABとCDEコードを解読し，移動局Bは同じ携帯電話事業者であることから自網のHLRに問い合わせ，移動局Bが在圏する加入者交換機LS(Y)を特定する。④ 次に固定電話網と同じ要領で中継交換機TSを介して加入者交換機LS(X)とLS(Y)の間で中継回線が設定される。⑤ 加入者交換機LS(Y)は移動局Bの位置登録エリアに属する基地局から移動局Bを呼び出す。⑥ 移動局Bは上り共通チャネルを使って応答し，加入者交換機LS(Y)との間で無線回線が設定される。⑦ 加入者交換機LS(Y)による認証の後に移動局Aとの間で通話回線が確保される。

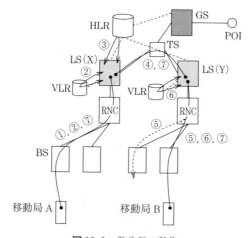

図10.3 発着信の動作

なお，持ち運び番号制度（mobile number portability；MNP）によって契約事業者を変更している場合は，移動元のHLRに問合せがあった段階で経路変更に必要な情報が引き渡され，正しい接続がなされる。

10.6 ハンドオフ

利用者が通信を行いながら接続している基地局を変更する機能を，**ハンドオフ**（または**ハンドオーバ**）という。これにより，セルをまたがる移動があっても通信は途切れることなく継続される。

10.6.1 集中制御型と端末アシスト型

RNC では端末の移動先基地局を判断する必要がある。第 1 世代のアナログ

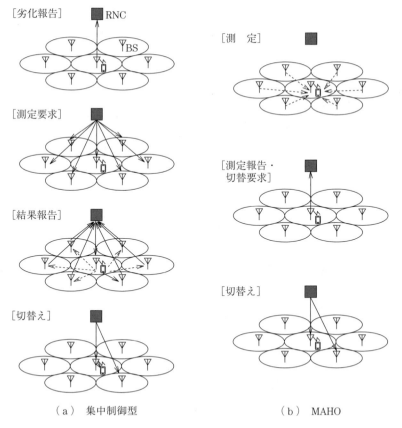

(a) 集中制御型　　　　　(b) MAHO

図 10.4　集中制御型と MAHO のハンドオフ制御の違い

方式では，端末は通話中に別の周波数の信号を受信できないので，その端末と接続中の基地局の周辺基地局が端末からの信号を測定し，その報告に基づいてRNCが移動先基地局を判断していた．しかし，このような集中制御型では，端末が増えたときに網側のハンドオフ処理量が非常に大きくなる．これに対して第2世代以降の携帯電話システムでは，多元接続方式の変更により，端末は通話中であっても周辺基地局からの信号を受信できるようになり，各端末は通話中に周辺基地局の信号強度を測定する．その測定結果を現在接続している基地局を介してRNCに報告し，その状況に基づいてハンドオフが行われる．これを**端末アシスト型ハンドオフ**（mobile assisted hand off；**MAHO**）という．MAHOによりRNCにかかる負荷を大幅に減らし，多数の端末のハンドオフ処理ができるようになった．**図10.4**に，集中制御型とMAHOのハンドオフ制御の違いを示す．

10.6.2　ハードハンドオフとソフトハンドオフ

ハンドオフには，元の基地局との無線リンクを切断した後で新たな基地局と接続する**ハードハンドオフ**と，新たな基地局と接続した後で元の基地局との無線リンクを切断する**ソフトハンドオフ**がある（**図10.5**）．前者は"break before make"，後者は"make before break"と呼ばれる．一般にハンドオフが発生するエリアは電波状態が悪いので，複数の基地局が同時に通信回線をサポートするソフトハンドオフのほうが回線品質の面で有利である．その反面，ソフトハンドオフ回線を維持するためには，複数の基地局が関与し続ける必要が

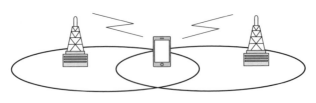

図10.5　ソフトハンドオフ

あり，ハードハンドオフに比べて多くの**リソース**（資源）を必要とする．ソフトハンドオフは，CDMAを用いた携帯電話システムで導入された．

10.7 加入者認証と通信秘匿

　移動通信では無線回線を使う性質上，そのままでは不正にアクセスされる恐れがある．これに対処するため，正当な利用者であることを確認する認証と回線の暗号化が図られる．第3世代以降[†]は，SIM（subscriber identity module）あるいはUIM（user identity module）を用いた**チャレンジ レスポンス認証**が採用されている．

　SIMは，CPUとメモリを搭載した小型コンピュータであり，その中に認証用の秘密鍵（認証鍵；**図10.6**中のK）が格納されている．この情報へのアクセスは内蔵のCPUが管理し，正当なSIM利用者であっても読み出すことはできない．認証鍵はCPUが認証演算を行う際に参照される．一方，網側には認証センタ（authentication center；AuC）が設けられており，SIMごとの認証鍵を保持し認証演算を行う．AuCはHLRとともに設置されるため，HLR/AuCなどと表記されることがある．

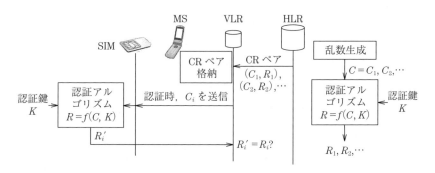

図10.6　チャレンジ レスポンス認証の流れ

[†] 欧州では第2世代システム（GSM）から採用されている．

認証を行う場合，AuC では乱数 C を生成し，その端末の SIM の ID（international mobile subscriber id；IMSI という）に対応する認証鍵 K を用いて，認証アルゴリズム $f(C, K)$ を実行し，その結果 R を得る。その過程で通信を秘匿するための秘匿鍵 K_c も生成される。C と R は対でありチャレンジ レスポンス（CR）ペアという。アルゴリズム $f(C, K)$ は CR ペアから K が割り出せないようにつくられている。K もしくは C が異なれば生成される R と K_c もまったく異なる。AuC では複数の (C, R, K_c) のセットを作成し，VLR に転送しておく。VLR では利用者を認証する際に一つの CR ペアを用い，認証がパスした後の通信秘匿に秘匿鍵 K_c を使う。端末側でも秘匿鍵 K_c が生成される。認証ごとに CR ペアは使い捨てにされ，また秘匿鍵 K_c も変更される。このように認証鍵 K は，SIM と AuC のみに留められ，CR ペアから推測されることもできず，認証の安全性が保たれている。

10.8 パケット網構成

携帯電話システムは音声通話に加えてデータ通信に対応しており，近年はむしろデータ通信が主流になっている。音声通話は回線交換であるが，データ通信はパケット交換である。第3世代携帯電話システムのパケット網は**図10.7**に示すように回線交換網（図10.1に対応）と別に構成されている。BS から RNC までのアクセス区間は回線交換網と共通である。無線区間（MS と BS の間）ではパケットデータ用のチャネルが用意されている。パケットデータは，加入者パケット交換機（serving GPRS support node；SGSN）から中継パケット交換機（gateway GPRS service node；GGSN）を介してゲートウェイ（GW）へ IP 方式で転送される。ゲートウェイと GGSN は加入者が契約する事業者やサービスによって異なる。端末側で設定する APN（access point name）はゲートウェイのドメイン名を表している。ISP（internet service provider）ごとに異なる APN が設けられる。

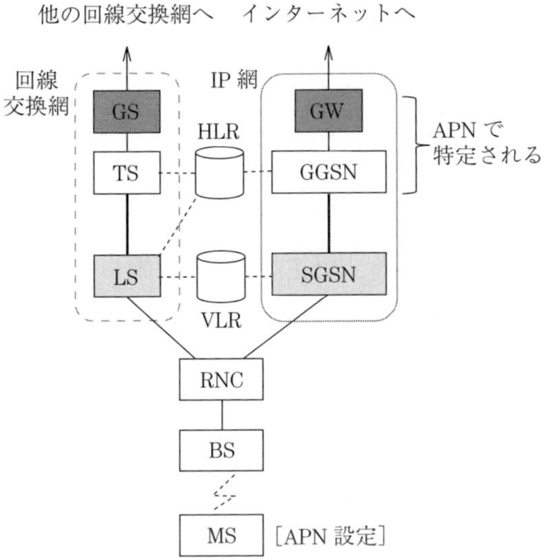

図 10.7　第 3 世代携帯電話システムのパケット網

10.8.1　端末発信の動作

以下に，端末からデータ通信を開始する際の大まかな流れを説明する。

① 端末は上り共通チャネルを用いてパケット発信を要求し，その要求はBSとRNCを介してSGSNへ到達する。

② SGSNは加入者認証を行い，端末との回線を確立した後に端末から通知されるAPNからパケットの転送先となるGGSNを特定し，GGSNと端末の間で通信パスを設定する。

③ GGSNは端末にIPアドレスを割り当てる。以後，端末から送信されるパケットはこのGGSNを経由してインターネットに送出される。

④ 端末から発出されるIPパケットは，パケット網内の経路設定のために余分なヘッダが付加されているが，インターネットに送出される際は取り除かれ，IPに従ったフォーマットに整えられる。

10.8.2　メール着信の動作

携帯電話事業者が提供するキャリアメールのアドレスに，メールが配信され

るときの動作を説明する．着信メールの配信は，端末呼出しとメール送信の2段階に分かれる．

① メールサーバ（図10.7のGWに相当）に，自網のユーザ宛のメールが転送されると，メールサーバはそのメールアドレスに対応する携帯の電話番号を調べる．この変換はGWにあるデータベースを参照して行う．

② 次にその携帯電話番号を担当するGGSNに着信信号を送る．

③ GGSNでは，その携帯電話番号を持つ端末の位置登録エリアをHLRに問い合わせて調べ，その位置登録エリアを担当するSGSNへ呼出しを依頼する．SGSNからRNCとBSを介して端末を呼び出す．

④ 呼出しに応答した端末は，SGSNによる認証を経てGGSNまでの通信パスが設けられた後に，GGSNからIPアドレスを割り当てられる．

⑤ 次にGGSNがメールサーバに着信応答をし，メールのデータが端末へ転送される．

10.8.3 ハンドオフ時の動作

ストリーミングやファイル転送のように，データ通信を継続しながら端末が移動する場合があるから，データ通信でもハンドオフをサポートする必要がある．しかし，通話と異なり，データ通信では伝送遅延やその揺らぎ（ジッタ）をある程度許容しても品質が大きく損なわれないことが多い．一方，第3世代携帯電話から導入されたソフトハンドオフは，通話品質を改善したが，ハードハンドオフよりも多くの通信リソース（特に無線リソース）を必要とする．このためデータ通信では，ハードハンドオフが基本とされている．ここでいうハードハンドオフは，音声通話時のようにある瞬間に接続する基地局が入れ替わり，それで完了する形態ではなく，ソフトハンドオフ状態と同程度の期間ハンドオフ状態が継続される．その間，端末宛パケットはRNCでコピーされて複数基地局に配信され，どの基地局からでも送信できる状態になっている．しかし，同じパケットを複数基地局から同時には送信せず，端末から見て最も受信状態のよい基地局をパケット単位で瞬時に判断し，最良の基地局からパケット

を送信する。このようにパケット通信時のハンドオフは，複数の基地局が端末をサポートする態勢にして無線状態の時間変動に対応するとともに，無線リソースを有効に利用している。

10.9 セル設計の基本

セルの形状は基地局位置や電波伝搬の環境に依存する。実際の環境では高低差もあり，また，均一な環境でもないため扱いが難しい。そこで，均一な伝搬環境と平面上の正則なセル配置（cell layout）を前提にして回線の品質や容量を評価し，基地局を配置するときの目安や基準とする方法が用いられる。

10.9.1 セル配置

基地局のカバー範囲は，通信可能距離を半径とする円と考えることができる。カバーエリアが連続するように基地局を配置すると，セルの形状は円ではなく，基地局の配置方法により**図10.8**のように変化する。濃い破線はセルの境界である。通常は正六角形のセルが用いられることが多い。セルの境界付近をセル端もしくはセルエッジ，基地局からセル境界までの最大距離をセル半径（$= R$），基地局間の最短距離を基地局間距離（inter site distance；ISD），着目す

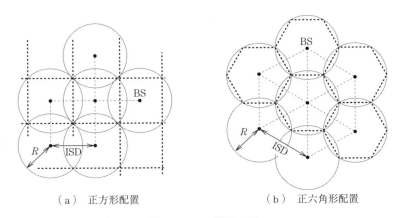

（a）正方形配置　　　　　（b）正六角形配置

図10.8 セル配置の例

る移動局が属しているセルまたは基地局を，在圏セルまたは在圏基地局という．

10.9.2 セルへの周波数割当て

セル端は在圏基地局から最も遠く，また，隣接基地局に最も近いため，セルの中で最も通信条件が悪い領域となる．したがって，セル端における通信品質が基準を下回らないように設定する必要がある．

隣接基地局が同一の無線チャネルを使用すると干渉が大きくなり，特にセル端での品質低下が問題となる．そこで，システムが使用できる無線チャネルを複数の周波数群に分割し，隣接基地局では干渉にならない異なる周波数群を使い，離れた基地局において，同一の無線チャネルを再利用する構成が考えられる．図 10.9 ではシステムが使う無線周波数帯を三つの周波数群（F_1, F_2, F_3）に分割し，3 セルごとに繰り返し同一の周波数群を再利用している．繰り返す周波数群の数を，繰返し数または**リユース ファクタ**といい，図の例では 3 である．

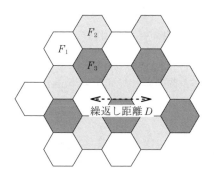

図 10.9　3 セル繰返し

リユース ファクタを増やすと，同一の周波数群を再利用する基地局が遠方に配置されるので，移動局から見るとセル端での干渉電力が弱まり，基地局から見ると自セル外の干渉が減少するので通信品質が改善する．その反面，一つの基地局が使用できる無線チャネル数が減少するので，システムが収容できるチャネル数が減少することとなる．図 10.10 で示すように，同一周波数を繰り

10.9 セル設計の基本

図 10.10　繰返し距離 D とセル端品質 Λ の関係

返し使う基地局の間隔を D とし（これを繰返し距離という），セル半径を R とすると，セル端での大まかな希望信号電力と干渉信号電力の比 Λ は $[(D-R)/R]^b$ で与えられる．ここで，b は距離減衰（→9.2.3項）の指数である．Λ は通信品質の指標であり，リユース ファクタに応じて**表 10.2** のように変化する．ここでは $b=4$ とした．このように通信品質とチャネル数には，**トレードオフ**の関係がある．

表 10.2　通信品質とチャネル数の関係

リユース ファクタ；F	1	3	4	7	9
繰返し距離；D	$2R$	$3R$	$2\sqrt{3}R$	$\sqrt{21}R$	$3\sqrt{3}R$
通信品質；Λ〔dB〕	0	9.0	15.7	22.2	24.9
チャネル数の割合；$1/F$	1	0.33	0.25	0.14	0.11

10.9.3　高度な周波数割当て

CDMA 方式は，それまでの方式に比べて干渉波に強く，すべての基地局が同じ無線チャネルを使用しても，セル端において信号検出できる仕組みが備わっている．また，ソフトハンドオフが適用されるため，セル端においても通話品質は改善されている．CDMA セルラシステムでは，リユース ファクタを 1 とすることができる．

OFDMA 方式では，サブキャリア群ごとにリユース ファクタを変える FFR（fractional frequency reuse）を用いることができる．セル端付近のユーザには，リユース ファクタが大きい無線チャネルを割り当てることで干渉信号の影響を軽減し，逆に基地局近辺のユーザには，リユース ファクタの小さい無線チャネルを割り当てて全体の容量を向上させることができる．

10.9.4 セ ク タ 化

基地局に複数の指向性アンテナを設置し,セルを区切ることで容量向上もしくは通信品質を改善する手法を**セクタ化**という.この場合の指向性アンテナをセクタアンテナともいい,水平面内指向性の半値角[†]は 60°～120° 程度である.一般に基地局 1 局を設置するコストに比べ,同一サイトに設備を増設するコストのほうが安く,経済的な容量改善手法といえる.区切られたエリアをセクタといい,また,セクタ化されていないセルをオムニセルという.セクタ化を施すと,基地局当りの無線チャネル数は理想的にはセクタ数倍となる.一方,繰返し距離は同一に保てるから,通信品質は保持される.

章 末 問 題

10.1 日本の国土面積約 38 万平方キロメートルの半分をカバーするには,何台の基地局が必要か.基地局当りのカバー面積を 3 平方キロメートルとする.

10.2 位置登録が必要な理由と,位置登録における HLR の役割を簡潔に述べよ.

10.3 位置登録の上りトラヒックと,着信呼出しの下りトラヒックの総和をできるだけ少なくしたい.移動量が多いエリア(幹線沿いなど)と少ないエリア(住宅街など)で,位置登録エリアを広くすべきはどちらのエリアか.なお,各エリアの移動局数は同じとする.

10.4 ソフトハンドオフのメリットとデメリットを,ハードハンドオフと対比して説明せよ.

10.5 集中制御型ハンドオフに比べて MAHO が優れている点を説明せよ.

[†] アンテナメインビームの鋭さを角度で表したもの.最大放射方向から強度が 3 dB 低下する向きの角度範囲.

11

衛 星 通 信

11.1 衛星通信の特徴

　信号が直接到達しない遠隔地であっても，地球を周回する人工衛星が中継することで通信を行うことができる。このような形態の通信を衛星通信といい，中継を担う衛星が通信衛星である。主な通信衛星は地球の上空 1 000～40 000 km 程度の高度に位置する。この領域は，おおむね宇宙空間に属していることから通信衛星を宇宙局といい，一方の大気圏内にある無線局を地球局という。

　衛星通信には，一つの宇宙局が地球上の広い範囲をカバーする広域性があり，一つの送信波で多数の地球局に配信する同報性に優れている。また，宇宙局は地球上のさまざまな災害の影響が及びにくいので，非常時の通信手段として活用されている（耐災害性）。

11.2 通信衛星の軌道

　衛星の軌道は，地球の自転と同じ速さで地球を一周する**静止軌道**（geostationary earth orbit；**GEO**）とそれ以外の周回軌道がある。静止軌道は赤道上空にあり，静止軌道上の衛星（静止衛星）は地球から見て静止しているように見える。**周回軌道**の高度は通常は GEO よりも低く，自転周期は 24 時間より短い。GEO は高度約 35 786 km，周回軌道の **ICO**（intermediate circular orbit）は高度約 10 000～20 000 km，**LEO**（low earth orbit）は 1 000 km 程度である。

衛星の高度によって，通信システムの特性はどのように変わるだろうか。**図11.1** に衛星高度と衛星からの可視領域の関係を示す。地表の表面積に対する割合は，GEO では 40 % を超え，高度 1 000 km の LEO は 10 % 未満である。このように，高度が高いほど見通せる範囲が広く，GEO では少ない衛星数で広い範囲をカバーできる。静止衛星はつねに上空に滞在しているように見えるため，通信の際に衛星を追尾する必要もない。一方，高度が高くなるほど通信距離が長くなるため伝搬損失が大きくなり，高い送信電力が必要となる。また，信号が相手に到達するまでの時間（伝送遅延）が増す。

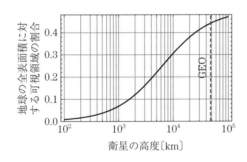

図 11.1 衛星高度と衛星からの可視領域の関係

軌道の形状により，円軌道と楕円軌道に分けられる。GEO は円軌道で，中心は地球であるが，楕円軌道の場合は，二つある焦点のうちどちらかに地球が位置する。楕円軌道において，地球と最も近い点を近地点（perigee），最も遠い地点を遠地点（apogee）という。また，衛星の軌道面と地球の赤道面のなす角を **軌道傾斜角**（inclination）という。GEO の軌道傾斜角は 0° である。

11.3　衛星通信に用いる周波数帯（電波の窓）

地球局と宇宙局の間は数万 km 程度まで離れることから，到達する電波は非常に小さい電力となる。このため，衛星通信においては電波の減衰や変動がで

11.3 衛星通信に用いる周波数帯（電波の窓）

きるだけ小さく，かつ雑音の影響が少ない周波数帯を選ぶ必要がある。

地球の上空おおむね 80～400 km の区間には，大気組成の原子や分子がイオン化した**電離層**が存在し，低い周波数の電磁波を吸収または反射する性質がある。電離層の電子密度を N_e〔個/m³〕とすると，周波数 $f_c \fallingdotseq 9\sqrt{N_e}$〔Hz〕以下の電磁波は反射される。$N_e$ は高さにより変化し，また季節や時刻，太陽活動により変動する。一方，周波数が高くなるほど降雨や大気による伝搬損失が増す。**図 11.2** に周波数に対する大気の減衰特性を示す。周波数が 1 GHz から 10 GHz までの減衰が小さい範囲を**電波の窓**という。

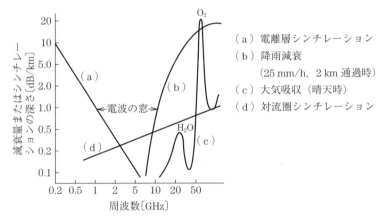

図 11.2 周波数に対する大気の減衰特性

一方，受信アンテナに混入する雑音として，自動車のイグニッションノイズや高電圧送電設備などからの人工雑音，宇宙の彼方の無数の恒星などが発する宇宙雑音や大気分子が発する大気雑音などがある。一般に，特定の電波を吸収する分子は，その電波を雑音として放射する特性も持つ。すなわち前述の降雨減衰や大気減衰に対応する大気雑音が存在する。これらはアンテナの仰角が低いほど電波が大気圏を通過する経路長が長くなるため，大気雑音が大きくなる。**図 11.3** に示す大気の周波数対等価雑音温度の特性からも，電波の窓が衛星通信に適した周波数帯であることがわかる。

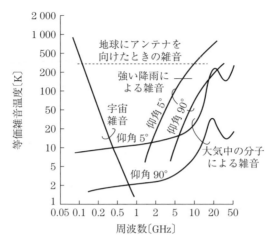

図 11.3　大気の周波数対等価雑音温度の特性

　近年，衛星通信や衛星放送の需要増大を背景として 10 GHz 以上の周波数帯も用いられている。衛星通信や衛星放送用の主な周波数帯を**表 11.1** に示す。上り方向（地球局→衛星）と下り方向（衛星→地球局）で異なる周波数帯を用いている。これらの周波数は，世界無線会議（World Radiocommunication Conference；WRC）において定められ各国政府が批准している。

表 11.1　衛星通信や衛星放送用の主な周波数帯

周波数帯の名称	周波数帯（上り）	周波数帯（下り）	用　　途
L　バンド	1.6 GHz 帯	1.4 GHz 帯	移動通信
S　バンド	2.6 GHz 帯	2.5 GHz 帯	移動通信，放送
C　バンド	6　GHz 帯	4　GHz 帯	固定通信，放送
Ku バンド	14　GHz 帯	12　GHz 帯	固定通信，放送
Ka バンド	30　GHz 帯	20　GHz 帯	固定通信

11.4　衛星回線の設計（リンクバジェット）

　衛星回線の品質指標として，搬送波電力対雑音電力比（C/N）が用いられる。C/N が所定レベル以上となるよう衛星や地球局の仕様を定める必要があ

る。搬送波電力 C とは，受信アンテナにおける希望信号の電力で，無変調時の値である。無変調波を CW (continuous wave) という。

送信出力を P_t，送信アンテナ利得を G_t，伝搬損失を L，受信アンテナ利得を G_r とすると，受信電力 P_r は，フリスの伝達公式（→ 9.1 節）より，$P_r = P_t G_t G_r / L$ で与えられる。P_r は搬送波電力 C に相当する。回線設計においては，送信側特性である P_t と G_t の積が影響を与える。$P_t G_t$ を **実効放射電力** (effective isotropic radiated power; **eirp**) といい，これを用いると受信電力は $P_r = \text{eirp}\, G_r / L$ で与えられる。伝搬路が自由空間にあって距離が d 〔m〕，波長を λ 〔m〕とすると，$L = (4\pi d/\lambda)^2$ である。アンテナ利得 G は，アンテナの開口面積を A 〔m^2〕，アンテナの効率を η，波長を λ 〔m〕とすると，$G = (4\pi \eta A/\lambda^2)$ の関係がある[†]。

雑音には，熱雑音に加えて，種々の自然雑音や干渉雑音を含む人工雑音，ハードウェア劣化によるシステム内雑音などがある。ここでは，雑音温度を T として雑音電力 N を $N = kTB$ 〔W〕と表す。k はボルツマン定数，B 〔Hz〕は帯域幅である。このとき，$C/N = P_r/(kTB) = \text{eirp}/L \times G_r/(kTB) = \text{eirp}/L \times G_r/T/(kB)$ となる。それぞれの項を dB 単位で表し，それを [ ] で表記すると，上り回線の C/N は式 (11.1) で求まる。

$$\left[\frac{C}{N}\right]_u = [\text{eirp}]_u - [L_u] + \left[\frac{G}{T}\right]_s - [kB]$$
$$= 228.6 + [\text{eirp}]_u - [L_u] + \left[\frac{G}{T}\right]_s - [B] \tag{11.1}$$

G/T は受信局の性能を表す指標として用いられる。同様に下り回線の C/N は式 (11.2) となる。

$$\left[\frac{C}{N}\right]_d = [\text{eirp}]_d - [L_d] + \left[\frac{G}{T}\right]_e - [kB]$$
$$= 228.6 + [\text{eirp}]_d - [L_d] + \left[\frac{G}{T}\right]_e - [B] \tag{11.2}$$

添字 $u(d)$ は上り（下り）回線に関する項を，$s(e)$ は衛星（地球局）に関す

[†] 実効面積（→ 9.1 節）$A_e = \eta A$ の関係がある。

る項目であることをそれぞれ表す．

　地球局から別の地球局への中継回線全体として C/N を評価すると，上り回線の $(C/N)_u$ と下り回線の $(C/N)_d$ から，$C/N = [(N/C)_u + (N/C)_d]^{-1}$ となる．ここで，C/N，$(N/C)_u$ と $(N/C)_d$ はすべて真数表現である．

【簡単な回線設計の例】　地球局では直径 30 m，効率 0.7 の開口面アンテナを送受信に用いるとする．周波数帯は C バンドを想定し，上り 6 GHz，下り 4 GHz とする．また，地球局の送信出力を 47 W，地球局と衛星間の距離を 40 000 km とする．地球局の送信アンテナ利得 G_t は，アンテナ実効面積 A_e と利得の関係式（→9.1節）より，$G_t = 4\pi(\pi \times 30^2) \times 0.7/0.05^2 \fallingdotseq 10^7 = 70$ dB だから，上り回線の eirp は 47×10^7 W $= 86.7$ dBW．上り回線の伝搬損失 L_u は $L_u = (4\pi \times 40\,000 \times 10^3/0.05)^2 \fallingdotseq 10^{20} = 200$ dB，下り回線の伝搬損失 L_d は $L_d = (4\pi \times 40\,000 \times 10^3/0.075)^2 \fallingdotseq 196.5$ dB となる†．衛星の G/T として -18.6 dB/K，eirp として 13.5 dBW，地球局の G/T が 40.7 dB/K，帯域幅 B が 1 MHz とすると，$[C/N]_u = 228.6 + 86.7 - 200 - 18.6 - 60 = 36.7$ dB，$[C/N]_d = 228.6 + 13.5 - 196.5 + 40.7 - 60 = 26.3$ dB だから，中継回線全体の品質は $C/N = (10^{-3.67} + 10^{-2.63})^{-1} \fallingdotseq 390.9 \fallingdotseq 25.9$ dB となる．

11.5　通信衛星の構成

　衛星の搭載機器は，バス機器とミッション機器に分けられる．ミッション機器は衛星本来の役割を果たすための機器であり，通信衛星の場合は中継機器などである．バス機器は単体の衛星として機能するためのものであり，電源・姿勢制御・推力などに関する機器である．

　表 11.2 にバス機器の構成例を示す．推進系には，打上げ時に衛星を静止軌道に乗せるために一度だけ使用するアポジモータと，運用時に軌道位置保持と姿勢制御に用いられるスラスタ（小型噴射器）がある．アポジモータは，静止

---

†　実際の回線設計では，大気による吸収などを考慮して少し高めの伝搬損失を見積もる．

11.5 通信衛星の構成

表 11.2 バス機器の構成例

系統名	構 成 機 器
推進系	燃料タンク，アポジモータ，など
電　源	太陽電池板，バッテリ，電力制御回路，など
姿勢制御	モメンタムホイール，太陽/地球センサ，姿勢決定回路，アンテナ指向・太陽電池板・スラスタ制御，など
熱制御	ヒータ，熱放射板，など
制御系通信	テレメトリ/コマンド送受信ユニット

衛星の打上げの過程で楕円軌道から静止軌道に遷移させる際，楕円軌道の遠地点 (apogee) で用いられる．スラスタは，地上からのコマンドで何度も使うことができる．

中継機器は，中継用アンテナ，送受信機，フィルタ，増幅器などからなる．アンテナで受信した地球局からの信号は，受信機で周波数が変換され，フィルタによって信号がチャネルごとに分割される．増幅器では帯域幅 36〜72 MHz の入力信号を数〜数十 W に増幅する（放送衛星の場合はさらに大きい）．増幅後の信号は再度フィルタにより整形され，アンテナに供給される．

衛星アンテナには，広い領域を照射するグローバルビームと，限定した領域を照射するスポットビームがある．特に静止衛星の場合は，回線数やアンテナ利得を考慮して複数のビーム（マルチビーム）を用意することが一般的である．このような**マルチビーム衛星**ではビームごとに中継機器が備わり，異なる

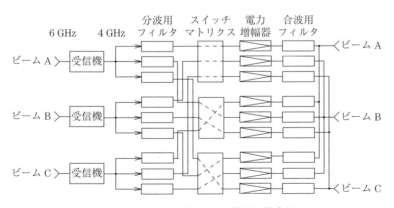

図 11.4　3 ビーム衛星の中継機器の構成例

ビーム間で中継を行うためのスイッチマトリクスが設けられている。**図 11.4** に3ビーム衛星の中継器の構成例を示す。衛星はいったん打ち上げられると機器の交換ができないため，受信機や電力増幅器などは予備機を備えた冗長構成とすることが多い。また，通信トラヒックに柔軟に対処するため，スイッチマトリクスは一般に地上からのコマンドで接続を変更できるようになっている。

11.6 姿勢制御

衛星は宇宙空間を高速で移動しており，通信アンテナをつねに地球に向け，また，安定した発電の必要もあり姿勢制御が必要となる。姿勢を安定させる方式として，**スピン安定方式**と**三軸安定方式**がある。

スピン安定方式は衛星をコマのように回転させ，ジャイロ効果により姿勢を安定させるものである。衛星全体が回転するシングルスピン方式と，衛星が回転部（スピン部）と地球に対して回転しないデスパン部で構成されるデュアルスピン方式がある（**図 11.5**）。デスパン部は，回転させたくないアンテナやセンサなどを設置するために設けている。構造は比較的簡単であり，初期の衛星に多く見られる方式である。

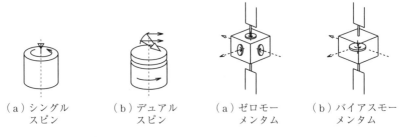

　（a）シングル　　　（b）デュアル　　　（a）ゼロモー　　　（b）バイアスモー
　　　スピン　　　　　　スピン　　　　　　メンタム　　　　　　メンタム

　　　図 11.5　スピン安定方式　　　　　　図 11.6　三軸安定方式

三軸安定方式（**図 11.6**）は，ジャイロ効果を得るためのホイールを内部に持つことで姿勢を安定に保つ。一軸にのみホイールを持つバイアスモーメンタム方式と，三軸にホイールを持たせて姿勢制御を行うゼロモーメンタム方式が

ある。三軸安定方式は大きな太陽電池パネルの搭載に適しており，大きな発電容量が必要な近年の衛星（特に放送衛星）では主流の方式になっている。

11.7 衛星通信システムの例

インテルサット，インマルサット，イリジウム，ワイドスター，IPSTAR，などの衛星通信システムがある。

11.7.1 インテルサット衛星通信

インテルサット社が運用する通信衛星による国際通信サービスで，主に国をまたがる固定局間の中継回線に供されている。**インテルサット**（Intelsat）は，1964年に暫定発足し1973年に設立された国際機関で，現在は民営化されている。出資者は各国の政府や通信事業者である。日本では，通信事業者が運営する地球局が，太平洋およびインド洋上のインテルサット衛星を介して国際中継を行っている。**表11.3**にインテルサット衛星の主要諸元を示す。

表11.3 インテルサット衛星の主要諸元

	Intelsat-VIII	Intelsat-IX	Intelsat-X
初回打上げ年	1997年	2001年	2004年
打上げ時重量〔kg〕	3 425	4 726	5 575
発生電力〔W〕	4 550	約7 000	11 500
姿勢制御	三軸	三軸	三軸
設計寿命	18年	13年	13年
周波数帯〔GHz〕	Cバンド (6/4) Ku (14/11, 14/12)	Cバンド (6/4) Ku (14/11)	Cバンド (6/4) Ku (14/11, 14/12)

11.7.2 インマルサット衛星通信

1979年に設立された国際機関（**インマルサット**；Inmarsat）が提供する移動体衛星通信サービスで，当初はもっぱら公海での船舶通信（海事衛星通信）で利用されていた。インマルサットは現在民営化され，航空機や陸上での衛星電話やパケット通信も提供している。国内では通信事業者が代理店となってサービスが提供されている。**表11.4**にインマルサット衛星の主要諸元を示す。

表 11.4　インマルサット衛星の主要諸元

	第 2 世代	第 3 世代	第 4 世代
初回打上げ年	1990 年	1996 年	2005 年
打上げ時重量〔kg〕	1 143	1 830	6 000
姿勢制御	三　軸	三　軸	三　軸
音声換算チャネル数	125	1 000	18 000
カバレッジ〔GHz〕	グローバル	グローバルスポット（ワイド）	グローバルスポット（ワイドとナロー）

11.7.3　イリジウム衛星通信

モトローラ社が 1998 年に開始した，低軌道周回衛星による移動体衛星通信サービスである．当初は 77 個の衛星で全世界をカバーするという発想から，原子番号 77 の元素名にちなんで名付けられた．実際は予備機を含め 66 機で運用している．軌道高度は約 780 km，軌道数は 6 である．それぞれの軌道に 10 機の衛星を配置している（予備衛星 6 機は高度 648 km）．静止衛星に比べて高度が低いために伝搬遅延が短く，伝搬損失も小さい．全世界をカバーするための衛星数が多くなるが，衛星間中継を行うことで地球局との通信を抑えている．衛星の重量は 640 kg，L バンドアンテナは携帯端末向け，衛星間通信用アンテナは Ka バンド，ゲートウェイ（地球局）用アンテナは C バンドに対応している．図 11.7 にイリジウム衛星の概観を示す．

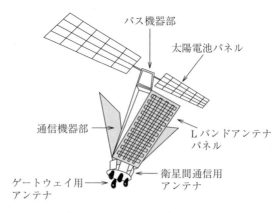

図 11.7　イリジウム衛星の概観

11.7.4 ワイドスター

スカパー JSAT 社が保有する 2 機の衛星（N-STARc；東経 136°，N-STARd；東経 132°）を用いた，日本の領海・領土・200 海里水域向けの通信サービスである。高山の売店や施設，硫黄島や南鳥島などの公衆電話（固定通信），および可搬型端末による移動体通信（電話，データ）が可能となっている。国内携帯電話の移動基地局におけるエントランス回線[†]にも使われている。図 11.8 は初期の N-STAR 衛星で，重量は 1.6 トンである。

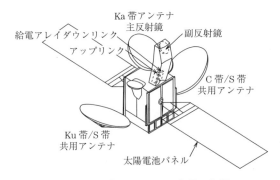

図 11.8　初期の N-STAR 衛星の概観

11.7.5 IPSTAR

タイコム社（タイ）が運用する 4 機の衛星で，アジア太平洋地域の 14 ヶ国をカバーする固定通信サービスとして，1993 年よりサービスが開始された。日本は，1 機の衛星（タイコム 4 号；東経 120°）が四つのスポットビームでカバーされている。比較的簡易なユーザ設備で高速なデータ通信サービスをベストエフォットで実現している。サービスリンクに Ku バンドを使うので，降雨減衰が大きく雨に弱い弱点がある。フィーダリンクは Ka バンドである。国内携帯電話の移動基地局におけるエントランス回線にも使われている。タイコム 4 号衛星の概観を図 11.9 に示す。重量は 3.4 トンである。

[†] 基地局と RNC（→ 10.2 節）を接続する中継回線．

11. 衛星通信

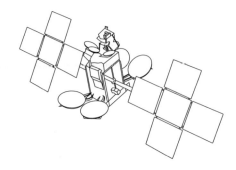

図 11.9 IPSTAR 衛星の概観

章 末 問 題

11.1 衛星通信の特徴を三つあげよ。

11.2 衛星の高度 h と周期 T の関係を求めよ。地球の質量を M_1，半径を a，万有引力定数を G とする。

11.3 高度が h の衛星から半径 a の地球を照射したときの面積 S を求めよ（これを地球の表面積 $4\pi a^2$ で除したものが図 11.1 のグラフである）。なお，半径 a の球を深さ d のお椀状に切り取ったとき（これを球冠という），その表面積（底面積は含まない）は $2\pi ad$ で与えられる。

11.4 衛星通信で用いられる周波数帯において，上り回線の周波数が下り回線の周波数に比べて高い理由を述べよ。

11.5 衛星と地球局との距離 d と周波数 f が**問表 11.1** で与えられるとき，それぞれの組合せ（4通り）における伝搬損失 L と往復の伝搬時間 τ を求めよ。

問表 11.1

f \ d	800 km	40 000 km
4 GHz	$L=\boxed{}$, $\tau=\boxed{}$	$L=\boxed{}$, $\tau=\boxed{}$
1.4 GHz	$L=\boxed{}$, $\tau=\boxed{}$	$L=\boxed{}$, $\tau=\boxed{}$

12

測位・航法支援システム

12.1 天測航法から電波航法へ

　天測航法（天文航法）とは，目に見える天体と水平線のなす角度（これを高度角という）とその観測時刻から位置を求める方法である．電磁波が発見・応用される19世紀末までは，航海や地図作成に欠かせない手法であった．電子機器の故障や電池切れなどの問題がなく，現在でも一部の軍艦やヨット航海などで非常時の測位法として利用される．

　航法支援システムは，道標のない航海や航空を安全に行ううえで欠かせないものであり，戦後，電波航法が急速に発展した．これは既知の位置にある無線局から送信される電波を受信して現在の位置を特定する方法である．一般には複数の無線局から信号を受信し，それらの時間差あるいは位相差に基づき距離や位置を決定する．近年では人工衛星を用いる衛星航法が広く普及している．

12.2 双曲線航法

　船舶用電波航法システムとしてロランA，ロランC，デッカ，オメガがある（**表12.1**）．これらはいずれも**双曲線航法**を用いていたが，近年普及した衛星航法に取って代わられ，現在はほぼすべてが廃止されている．

　ロラン（LORAN；**lo**ng **ra**nge **n**avigation system）では，主局と従局からなる固定無線局がパルス信号を定期的に送信する．位置を決定するには，**図**

表 12.1　双曲線航法システム

名　称	搬送波周波数	変　遷
ロラン A	1 750～1 950 kHz	1943 年米国が開始，ロラン C に置き換わり廃止された。
デッカ（Decca）	70～130 kHz	連続波の位相差から位置を推定。英国で 1944 年開始，2001 年廃止。
ロラン C	100 kHz	1960 年開始。日本近海は 2015 年に廃止。
オメガ	10.2/11.05/11.33/13.6kHz	位相差から位置を推定。1968 年開始，1997 年廃止。

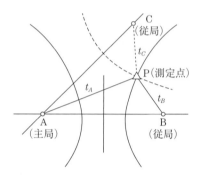

図 12.1　双曲線航法の原理

12.1 に示すように，一つの主局 A と二つの従局 B，C からの信号を受信する。それらの信号は同時に送信されたものとし，受信時刻を t_A, t_B, t_C とする。c を電波の進む速さとすると，受信者は A と B からの距離の差が $c(t_A - t_B)$ で，A と C からの距離の差が $c(t_A - t_C)$ の位置にいる。すなわち，A と B を焦点とする双曲線と，A と C を焦点とする双曲線が交差する点が受信者の位置となる。

　実際には，従局から送出するパルス信号は主局からのパルス信号と衝突しないように，主局のパルス信号を従局が受信した後で送信する。これにより，受信者が主局と従局から等距離に位置する場合のパルス衝突を回避している。受信者は，従局と主局の距離から，従局のパルス遅延時間を補正している。

12.3 VOR, DME, TACAN

航空機の位置を特定するシステムとして，固定無線局から見た方角を特定する **VOR** (**V**HF **o**mnidirectional **r**adio range)，距離を測る **DME** (distance measurement equipment) がある。同様な軍用システムとして方位と距離を同時に測定する **TACAN** (**tac**tical **a**ir **n**avigation) があり，その距離測定機能は民間に開放されている。これらは国内100ヶ所以上で設置・運用されている。**表12.2** に VOR，DME，TACAN の周波数と測定対象を示す。

表12.2 VOR, DME, TACAN の周波数と測定対象

名称	搬送波周波数	測定対象
VOR	108〜118 MHz	方位
DME	962〜1 213 MHz	距離
TACAN	960〜1 515 MHz	方位と距離。民間利用は方位のみ

VOR では，2種類の信号（基準位相信号と可変位相信号）と送信アンテナ（無指向性アンテナと8の字特性アンテナ）を組み合わせる。基準位相信号は無指向性アンテナから全方位に同じ強さで送出される。可変位相信号はさらに8の字特性の指向性アンテナから位相が調整されて送信され，空間でカージオイド型の指向性に合成される。

基準位相信号は，30 Hz の余弦波を変調信号とする FM 波をさらに変調度 0.3 で振幅変調したものである。FM 波の中心周波数（副搬送波周波数）は 9.96 kHz，最大周波数偏移は 480 Hz である。基準位相信号波 s_{REF} は，振幅を A_{REF}，搬送波周波数を f_c として式 (12.1) で表される（→ 4.2，4.3節。$f_{sc} = 9.96$ kHz とする）。

$$\left.\begin{aligned} s_{\text{REF}}(t) &= A_{\text{REF}}[1 + 0.3\, e_{\text{FM}}(t)] \cos(2\pi f_c t) \\ e_{\text{FM}}(t) &= \cos[2\pi f_{sc} t + 16 \sin(60\pi t)] \end{aligned}\right\} \quad (12.1)$$

一方，可変位相信号はカージオイド型の指向性で送出されている。最大放射方向を θ_m とすると，方位角 θ における信号強度は $a[1 + \cos(\theta - \theta_m)]$ で表

される。ここで，a は定数である。この指向性パタンで周波数 f_c の無変調信号を送信すると，方位角 θ の方向に放射される信号波 $s_0(t,\theta)$ は式 (12.2) のように表される。

$$s_0(t,\theta) = a\,[1 + \cos(\theta_m - \theta)]\cos(2\pi f_c t) \tag{12.2}$$

最大放射方向 θ_m を磁北から右回りに 1 800 rpm（= 30 Hz）で回転させることで，受信者から見た信号は 30 Hz の余弦波で振幅変調された形式となる[†1]。

$$s_0(t,\theta) = a\,[1 + \cos(60\pi t - \theta)]\cos(2\pi f_c t) \tag{12.3}$$

$s_0(t,\theta)$ の搬送波成分は基準位相信号波のそれと重なるため，可変位相信号波 $s_{\text{VAR}}(t,\theta)$ は式 (12.4) で表される。ここで，変調度 m_{VAR} は 0.3 に規定されている。A_{VAR} は搬送波成分の振幅である。

$$s_{\text{VAR}}(t,\theta) = A_{\text{VAR}}\,[1 + m_{\text{VAR}}\cos(60\pi t - \theta)]\cos(2\pi f_c t) \tag{12.4}$$

このように可変位相信号の変調信号は，基準位相信号のそれより θ だけ位相が遅れる。この位相差を検出することで，受信局は VOR 局から見た方位を特定する。図 **12.2** にカージオイド型の形状と VOR 無線局アンテナの外観を，図 **12.3** に VOR の仕組みを示す。

DME の原理は，パルスの往復時間から DME 地上局からの距離を求めるものである。航空機（インタロゲータという）から DME 地上局へ質問パルスを

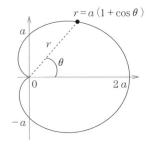

図 12.2 カージオイド型の形状と VOR 無線局アンテナの外観[†2]

[†1] このように指向性を変化させて変調波を生成することを空間変調という。
[†2] http://www.mlit.go.jp/koku/15_bf_000400.html（2016 年 8 月現在）

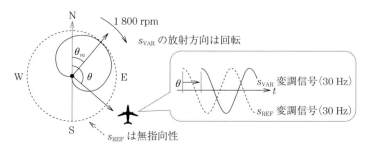

図 12.3 VOR の仕組み

送信し，DME 地上局（トランスポンダ）は 50 µs（**図 12.4** の T）後に応答パルスを送信する。航空機は DME 地上局の応答時間（図 12.4 の t）を測定し，距離 $p = c(t - T)/2$ を算出する。DME には 962 MHz から 1 213 MHz までの周波数が 1 MHz 間隔で割り当てられており，252 チャネルが用意されている。DME 地上局は固有のチャネルを使用し，質問（受信）と応答（送信）に用いる周波数は 63 MHz 離れている。送出パルスは，3.5 µs の孤立パルスが 2 回繰り返すペアパルスを用いている。受信側では，パルスを検出した後，そのパルスが定められた間隔で繰り返されることを確認し，質問パルスの検出精度を上げている。

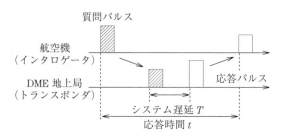

図 12.4 DME でのパルスのやり取り

TACAN も DME と同様の原理である。DME は民間機が利用する施設に設置され，TACAN は軍用機が利用する施設に設置されている。通常，DME や TACAN の地上局は，VOR 局と併設されており，VOR/DME または VOR-TAC などと表記される。

12.4 ILS

ILS(instrument landing system)は航空機の着陸を精密誘導するためのもので,民間機が利用する空港に設置される。ICAO(International Civil Aviation Organization；国際民間航空機関)が定める国際標準であり,視界不良であっても安全な着陸を支援する。国内では60ヶ所以上で設置・運用されている。ILSは,進入方向(水平方向)を示すための**ローカライザ**(LOC),進入角(垂直方向)を示すための**グライド パス**[†1](glide path；GP),滑走路までの距離を示す**マーカ**(MKR)から構成される。マーカの代わりにDME(これをターミナルDME；T-DMEという)を使用することもできる。**表12.3**にILSの設備構成を,**図12.5**にローカライザ用アンテナとグライド パス用アンテナを示す。

表12.3 ILSの設備構成

構成設備	搬送波周波数	目 的
ローカライザ	108〜110 MHz	進入方向の誘導
グライド パス	320〜335 MHz	進入角の誘導
マーカ	75 MHz	滑走路までの距離確認

図12.5 ローカライザ用アンテナとグライド パス用アンテナ[†2]

---

†1 グライド スロープ(glid slope)とも呼ばれる。
†2 http://www.mlit.go.jp/koku/15_bf_000403.html(2016年8月現在)

ローカライザは，滑走路の終端付近に水平に複数設置されたアンテナから 2 種類の AM 波を異なる方向に送信し，進入する飛行機から見て左側は 90 Hz で変調した AM 波が，右側は 150 Hz で変調した AM 波が強く受信されるようになっている。**図 12.6** に，ILS ローカライザがカバーする水平面の範囲と 2 波の信号スペクトルを示す。左右の境界は滑走路の中心とその延長線であり，**コース ライン**と呼ばれる。この線から離れるほど 2 波の受信強度差が生じる。2 波の搬送波成分（周波数 f_c）は共通であるから，左右のどちらかに偏るほど 2 波の変調度の差が異なって受信される。この変調度の差が 0 になるように進入することで，コース ラインに沿った着陸誘導がなされる。

図 12.6　ILS ローカライザがカバーする水平面の範囲と 2 波の信号スペクトル

グライド パスでは，滑走路の着陸地点近辺に設置されたアンテナから垂直面に 2 種類の AM 波が放射されている。上方向は 90 Hz の変調信号，下方向は 150 Hz の変調信号が優勢になっていて，強度が等しくなる約 3°の仰角に沿って着陸を誘導する。信号の有効範囲は，滑走路末端から 18.5 km と定められている。

マーカは滑走路の手前 3 ヶ所に設置され，その上空の限られた範囲にマーカ ビーコンが送出される。滑走路の手前からインナ マーカ，ミドル マーカ，アウタ マーカという。インナ マーカは滑走路の末端から 75～450 m，ミドル マーカは 900～1 200 m，アウタ マーカは 6.5～11.1 km の範囲に設置される。75 MHz の搬送波周波数で**図 12.7** に示すような狭い範囲を垂直方向に照射する。変調信号はインナ マーカで 3 000 Hz，ミドル マーカで 1 300 Hz，アウタ マーカで 400 Hz と，滑走路に接近するほど高い周波数になる。**図 12.8** に

図 12.7 ILS グライド パスとマーカの範囲

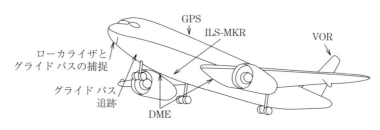

図 12.8 飛行機筐体とアンテナの配置例

は，飛行機筐体とアンテナの配置例を示す。

12.5 衛星航法

　人工衛星を用いる航法を衛星航法といい，地球上を広範囲にカバーすることができる。1964年に米国が開始したNNSS（navy navigation satellite system）は衛星航法の先駆けであり，高度約1100km，北極と南極の上空を結ぶ極軌道を約107分で周回する5個の人工衛星を用いていた（**図12.9**）。150/400MHz帯の電波を衛星から送信し，利用者は5個の衛星のうちのどれかから，1～2時間に1回程度，電波を受信することができる。

　衛星が利用者の上空を通過するとき，利用者が受信する衛星電波にドップラーシフトが生じる。すなわち，衛星が近づくときは受信周波数が増加し，衛星が遠ざかるときは周波数が減少する。この変化を観測することで，衛星軌道からの距離がわかる。軌道直下に近い場合（**図12.10**のC）は衛星の相対速度が大きく，ドップラーシフトの変化が急である。一方，軌道直下から離れた位置

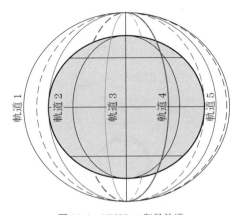

図 12.9 NNSS の衛星軌道

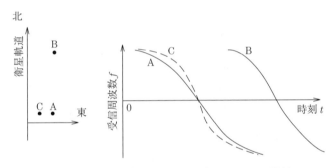

図 12.10 NNSS 受信位置とドップラーシフトの関係

(図の A と B) ではドップラーシフトの変化が緩やかである．このようなドップラーシフトの変化と，ドップラーシフトがゼロとなる時刻，およびその衛星の軌道情報から受信位置を推定する．このシステムは，測位に時間を要するため航空機のような移動速度が早い場合に適しておらず，主として船舶に利用された．NNSS の役割は **GPS**（global positioning system）に引き継がれ，1996 年に運用停止されている．

GPS は NNSS の後継システムとして米国防総省が開発し，運用も行っている．本来は軍用設備であり，一部の機能が民間に開放されている．GPS 衛星は，高度 20 183 km（軌道半径約 26 500 km，周期約 12 時間），軌道傾斜角（赤道に対する軌道面の角度）約 55° の異なる六つの円軌道に，3 個ずつ計 18

個(予備機を除く)配置されており,地球上のどこからでもつねに4機以上見えるようになっている(**図12.11**)。

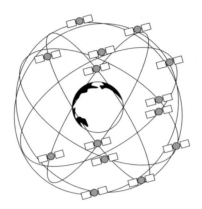

図12.11 GPS衛星軌道

　GPS衛星には原子時計が搭載されており,十分な精度の時刻情報を持っている。今,GPS受信機の位置を(x_p, y_p, z_p),内蔵時計のズレをΔtとする。受信機の時計が時刻tであれば,正確な時刻は$t - \Delta t$である。衛星S_iは,自分の位置(x_i, y_i, z_i)と時刻t_iを送信している。ただし,$i = 1 \sim 4$である。GPS受信機は,衛星S_iから信号を内蔵時計の時刻t_i'に受信し,受信信号に含まれている衛星S_iの位置(x_i, y_i, z_i)と時刻t_iを知る。衛星S_iと受信機の間の距離R_iに関して,式(12.5)が成り立つ。ここで,cは光速である。

$$R_i = c(t_i' - \Delta t - t_i) = \sqrt{(x_i - x_p)^2 + (y_i - y_p)^2 + (z_i - z_p)^2} \quad (12.5)$$

式(12.5)の中で未知数は$x_p, y_p, z_p, \Delta t$の4個あり,4個の方程式(4個の衛星)が必要となる。それを解くと利用者の位置(x_p, y_p, z_p)が求まる[†]。これは4個の球が交差する点の集合として複数得られるのだが,利用者は地球もしくはその周辺にいるものとして,解を一意に定めるのである(**図12.12**)。

　GPS衛星からの送信波には,スペクトル拡散変調が用いられている。GPSの拡散符号名称とGPSの搬送波周波数を**表12.4**,**表12.5**に示す。拡散符号

---

† 4元連立2次方程式となるため,一般に逐次的な手法で解く。

12.5 衛星航法

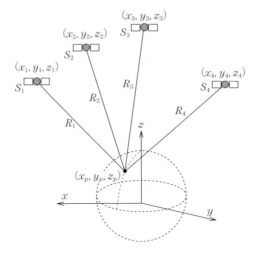

図 12.12 GPS 測位の原理

表 12.4 GPS の拡散符号の名称

拡散符号名称	チップレート	用途
C/A コード	1.023 Mcps	民間利用も可能
P [Y] コード	10.23 Mcps	軍事利用のみ

表 12.5 GPS の搬送波周波数

名称	搬送波周波数	拡散符号
L_1	1.575 42 GHz（= 10.23 MHz × 154）	C/A コードと P [Y] コード
L_2	1.227 6 GHz（= 10.23 MHz × 128）	P [Y] コード

系列は衛星によって異なる。すなわち直接拡散 CDMA（→ 6.4.3 項）を用いて衛星からの信号を分離している。拡散符号のチップレートは，受信時刻 t_i' の分解能を左右する。C/A コードは 1 μs（光速換算で 300 m 相当）程度，P [Y] コードは 0.1 μs（同 30 m 相当）程度である。また，軍事利用では搬送波周波数が異なる 2 波（L_1, L_2）を用いることで，GPS 信号が電離層を通過する際に生じる伝搬速度 c のずれを補正することができる。L_1, L_2 はチップレートの整数倍になっている。

GPS 以外の衛星航法システムとしてはロシアの GLONASS，欧州の Galileo，

日本の準天頂衛星システムなどがある。

12.6 その他の測位システム

12.6.1 GPSハイブリッド測位

第3世代携帯電話システムで登場したGPS内蔵の携帯電話機の中には，携帯電話網を利用したハイブリッド測位を用いるものがある。この特徴として，① GPS衛星の高速な捕捉，② 屋内での測位が可能，の二つがある。

GPSを単独で用いる場合は通常，受信機が最初にGPS衛星を捕捉するための時間を要する。18個のGPS衛星のうち受信できる衛星を受信機は知らないため，総当たりの検出を試みるからである。これに対してハイブリッド測位では，最寄りの携帯電話基地局の位置と現在時刻をGPS衛星の軌道情報と照らし合わせ，受信できる可能性のあるGPS衛星を絞り込み，その情報をネットワーク側にあるサーバからGPS携帯に通知する。このネットワークアシスト機能によりGPS衛星を短時間で捕捉することができる（**図12.13**）。もしGPS衛星が十分に捕捉できなければ，携帯電話基地局のCDMA信号を代用して測位を行う。特に第3世代携帯電話システムのCDMA 2000では，システム時刻がGPS時刻に同期しており親和性が高い。これにより屋内のような衛星電波が届きにくいところでも測位が可能になっている。ただし，基地局から携帯電

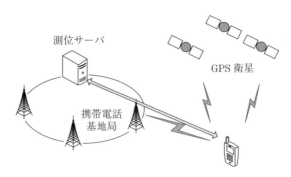

図12.13 ハイブリッド測位

話機までの電波の経路は見通し外が多く，測位の精度は低下する．

12.6.2 Wi-Fi測位システム

免許申請が不要な Wi-Fi が公衆網や私設網を問わずに広く普及し，都市部では多数の親局〔アクセスポイント（AP）〕からのビーコンを受信することができる．通信対象とならない AP であっても，AP からのビーコン電波を受信することで，AP の MAC アドレス[†]や信号強度を知ることができる．ある地点で受信される AP の MAC アドレスと信号強度の集合を，signal signature あるいは finger print と呼ぶ．位置情報の提供者は，signal signature を位置情報とともに収集してデータベース化する．利用者は Wi-Fi 受信を行い，得られた signal signature をサーバに報告する．サーバはデータベースの signal signature と照合して最も近い位置を求め，利用者に提供する．**図 12.14** に signal signature のイメージを示す．

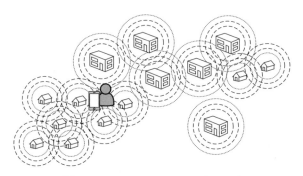

図 12.14 signal signature のイメージ

このような方式の中には，利用者の受信情報を活用してデータベースを更新する方法や，Wi-Fi のみならず携帯電話基地局の ID（セル ID）を含めるものもある．Wi-Fi 測位システムとして Place Engine，Google Location Service，WiFiSLAM，などがあり，ノートパソコンやスマートフォンなどで広く利用

[†] IP 通信を行うデバイスに割り振られた固有の装置番号．6 バイトで構成される．MAC は media access control の略．

されている。

章 末 問 題

12.1 VOR の基準位相信号 s_{REF} の占有帯域幅を求めよ。
12.2 DME において質問パルスを送出し，150 µs 後に応答パルスを受信したとき，DME 局からの距離は何キロメートルか。
12.3 ある地点で受信したローカライザ信号の搬送波に対する 90 Hz の側波レベルが 0.11，150 Hz の側波レベルが 0.08 であった。変調度の差を求めよ。
12.4 GPS による 3 次元測位に必要な衛星数が 4 である理由を簡単に説明せよ。
12.5 GPS と Wi-Fi 測位システムを比較し，それぞれのメリットとデメリットをあげよ。

参 考 文 献

【通信の歩み】
村本脩三 編著：国際電気通信発達史（日本編），国際電気通信学園（1981）
村本脩三 編著：国際電気通信発達史（世界編），国際電気通信学園（1984）
水島宣彦：改訂 エレクトロニクスの開拓者たち，電子通信学会（1985）
林 雅和，深田泰夫 監修：KDD社史，株式会社KDDIクリエイティブ（2001）
大野哲弥：国際通信史でみる明治日本，成文社（2012）
有山輝雄：情報覇権と帝国日本 I，吉川弘文館（2013）

【全 般】
情報通信技術研究会 編：第2版 新情報通信概論，オーム社（2011）

【通信基礎教科書】
重井芳治：電気通信工学，朝倉書店（1982）
木村磐根 編著：通信工学概論，オーム社（1998）
羽鳥光俊 監修：わかりやすい通信工学，コロナ社（2006）
安達文幸：通信システム工学，朝倉書店（2007）
竹下鉄夫，吉川英機：通信工学，コロナ社（2010）
山下不二雄，中神隆清，中津原克己：通信工学概論（第3版），森北出版（2012）
滑川敏彦，奥井重彦，衣斐信介：通信方式（第2版），森北出版（2012）

【ディジタル通信】
山下 孚：改訂2版 やさしいディジタル伝送，オーム社（1984）
電気通信協会 編：改訂18版 ディジタル通信の基礎知識，オーム社（1988）
赤岩芳彦：ディジタル移動通信技術のすべて，コロナ社（2013）

【ネットワーク技術】
矢部正行，丹波次郎，勝間田仁：ネットワーク技術，日本理工出版会（2004）
宮保憲治，田窪昭夫，武山直樹：ネットワーク技術の基礎，森北出版（2007）
淺谷耕一：ネットワーク技術の基礎と応用，コロナ社（2007）

飯塚久夫，石川秀樹：続・やさしい共通線信号方式，オーム社（1992）
岡田正，桑原裕史：情報通信システム（改訂版），コロナ社（1999）
米田正明：電話はなぜつながるのか，日経BP社（2006）

【移動通信関連】

奥村善久，進士昌明：移動通信の基礎，電子情報通信学会（1986）
進士昌明 編著：無線通信の電波伝搬，電子情報通信学会（1992）
服部　武 訳：CDMAセルラー移動通信システム，科学技術出版（2001）
中嶋信生，有田武美，樋口健一：携帯電話はなぜつながるのか 第2版，日経BP社（2012）

【衛星通信関連】

川橋　猛：改訂 衛星通信，コロナ社（1985）
野坂邦史，村谷拓郎：衛星通信入門，オーム社（1986）
サテマガ・ビー・アイ：衛星通信ガイドブック2014，サテマガ・ビー・アイ（2014）

【測位・ナビゲーション関連】

電気通信振興会：無線工学 航空無線通信士用，電気通信振興会（1996）
津田良雄：実用航空無線技術，情報通信振興会（2012）
佐田達典：GPS測量技術，オーム社（2003）
杉本末雄，柴崎亮介：GPSハンドブック，朝倉書店（2010）

【URL】（2016年8月現在）

国土交通省HP：http://www.mlit.go.jp/koku/15_bf_000327.html
NHK放送博物館：http://www.nhk.or.jp/museum/index.html
NTT技術資料館：http://www.hct.ecl.ntt.co.jp/
NTTドコモテクニカルジャーナル：https://www.nttdocomo.co.jp/corporate/technology/rd/technical_journal/
スカパーJSAT社：http://www.jsat.net/jp/facilities.html#satelliteFleet
タイコム社HP：http://www.thaicom.net/satellites/existing/thaicom4.aspx
PRADEEP Cheekatla, "SEMINAR on IRIDIUM, ICO & GLOBAL STAR SATELLITE SYSTEM,"：http://www.slideshare.net/SambitShreeman/iridium-globalstar-ico-satellite-system

章末問題解答

【1 章】

1.1 MTBF = 170 時間，故障率 = 1/170〔/時間〕= 0.988〔/週〕，MTTR = 3 時間，稼働率 = 0.983

1.2 ① 0.855，② 0.812 25，③ 0.997 5，④ 0.897 75

1.3 略

【2 章】

2.1 方法①：
問図 2.1 の関数 $g(t)$ は周期 T で，その値は $-T/2 \leq t < T/2$ の範囲で次のように表せる。

$$g(t) = \begin{cases} 1, & -T/4 \leq t < T/4 \\ -1, & -T/2 \leq t < -T/4, \ T/4 \leq t < T/2 \end{cases}$$

式 (2.5) を適用すると，次式を得る。

$$c_n = \frac{1}{T}\left(\int_{-T/4}^{T/4} e^{-j\frac{2\pi}{T}nt}dt - \int_{-T/2}^{-T/4} e^{-j\frac{2\pi}{T}nt}dt - \int_{T/4}^{T/2} e^{-j\frac{2\pi}{T}nt}dt\right)$$

$$= \frac{2}{n\pi}\sin\frac{n\pi}{2}$$

方法②：
図 2.4 の関数を左に $T/4$ だけずらすと問図 2.1 の関数になるから，問題の関数の周波数スペクトル密度は，式 (2.8) に比べて位相が $2\pi ft_0 = 2\pi(n/T)(T/4) = n\pi/2$ 進んでいる。よって，式 (2.8) に $e^{jn\pi/2} = j^n$ を乗じ，次式を得る。

$$j^{n+1}\frac{\cos(n\pi) - 1}{n\pi} = \frac{j^{n-1}[1-(-1)^n]}{n\pi}$$

一方，方法①で得られた c_n は

$$\sin\frac{n\pi}{2} = \frac{1}{2j}[j^n - (-j)^n] = \frac{j^{n-1}}{2}[1-(-1)^n]$$

であることに注意すると，方法②で得た解と一致することがわかる。

2.2 $G(f) = \int_{-\infty}^{\infty} g(t)e^{-j2\pi ft}dt = \int_{-T/2}^{T/2}\cos\left(\frac{\pi}{T}t\right)e^{-j2\pi ft}dt$

$$= \frac{1}{2}\int_{-T/2}^{T/2}\left\{\exp\left[j\pi\left(\frac{1}{T}-2f\right)t\right]+\exp\left[-j\pi\left(\frac{1}{T}+2f\right)t\right]\right\}dt$$

$$= \frac{1}{2j\pi}\left[\frac{T}{1-2fT}\exp\left[j\pi\left(\frac{1}{T}-2f\right)t\right]-\frac{T}{1+2fT}\exp\left[-j\pi\left(\frac{1}{T}+2f\right)t\right]\right]_{-T/2}^{T/2}$$

$$= \frac{T}{\pi}\left[\frac{\sin(\pi/2-\pi fT)}{1-2fT}+\frac{\sin(\pi/2+\pi fT)}{1+2fT}\right] = \frac{2}{\pi}\frac{T}{1-(2fT)^2}\cos(\pi fT)$$

2.3 $g(t) = [1+0.5x(t)][\exp(j2\pi f_c t)+\exp(-j2\pi f_c t)]$ だから，次式を得る．
$$G(f) = \mathcal{F}[g(t)] = \delta(f-f_c)+0.5X(f-f_c)+\delta(f+f_c)+0.5X(f+f_c)$$

【3章】

3.1 （1）　$-60\,\mathrm{dBm} = 10^{-6}\,\mathrm{mW} = 10^{-9}\,\mathrm{W}$

（2）　$13\,\mathrm{dBW} = 10^{1.3}\,\mathrm{W} = 20\,\mathrm{W} = 2.0\times10^4\,\mathrm{mW}$

　　　または $13\,\mathrm{dBW} = 10\,\mathrm{dBW}+3\,\mathrm{dB} = 10\,\mathrm{W}\times2 = 20\,\mathrm{W}$ のように求める．

（3）　$20\,\mathrm{dBm} = 10^2\,\mathrm{mW} = 100\,\mathrm{mW} = 0.1\,\mathrm{W}$

3.2 （1）　$0.1\,\mathrm{mV} = 100\,\mu\mathrm{V} = 20\log_{10}100\,\mathrm{dB}\mu = 40\,\mathrm{dB}\mu$

（2）　$10\,\mathrm{mW} = 0.01\,\mathrm{W} = 10\log_{10}0.01\,[\mathrm{dBW}] = -20\,\mathrm{dBW}$

（3）　$40\,\mathrm{dB}\mu\mathrm{V/m} = 10^{40/20}\,\mu\mathrm{V/m} = 200\,\mu\mathrm{V/m}$

3.3 二つの確率変数が取る座標 (x,y) を直交座標 (x,y) から極座標 (r,θ) に変換する．

$$p(x) = \frac{1}{\sqrt{2\pi}\sigma}e^{-\frac{x^2}{2\sigma^2}},\quad p(y) = \frac{1}{\sqrt{2\pi}\sigma}e^{-\frac{y^2}{2\sigma^2}}$$

$x = r\cos\theta,\ y = r\sin\theta$ とおくと

$$p(x,y) = p(x)p(y) = \frac{1}{2\pi\sigma^2}e^{-\frac{x^2+y^2}{2\sigma^2}} = \frac{1}{2\pi\sigma^2}e^{-\frac{r^2}{2\sigma^2}}$$

積分変数の変換公式を適用する．ヤコビアンは

$$J = \frac{\partial(x,y)}{\partial(r,\theta)} = \begin{vmatrix}\frac{\partial x}{\partial r} & \frac{\partial x}{\partial \theta}\\ \frac{\partial y}{\partial r} & \frac{\partial y}{\partial \theta}\end{vmatrix} = r$$

となる．

$$p(r,\theta) = p(x,y)r = \frac{r}{2\pi\sigma^2}e^{-\frac{r^2}{2\sigma^2}}$$

$$\therefore\ p(r) = \int_{-\pi}^{\pi}p(r,\theta)d\theta = \frac{r}{\sigma^2}e^{-\frac{r^2}{2\sigma^2}}$$

3.4 $N = kTB = 1.38\times10^{-23}\,[\mathrm{J/K}]\times(273+27)[\mathrm{K}]\times20\times10^6\,[/\mathrm{s}]$
$= 8.28\times10^{-14}\,[\mathrm{W}]$

$8.28\times10^{-14}\,[\mathrm{W}] = 8.28\times10^{-11}\,[\mathrm{mW}] \cong -101\,[\mathrm{dBm}]$

章末問題解答 181

3.5 各増幅器の雑音指数 F_0 と利得 G_0 を真数で表すと，$F_0 = 10^{6/10} \cong 4.0$，$G_0 = 10^{8/10} \cong 6.3$

式 (3.14) より継続回路の雑音指数 F は，$F = F_0 + (F_0 - 1)/G_0 = 4.48 = 6.5\,\mathrm{dB}$

【4 章】

4.1 （1） 式 (4.20) において $\overline{x^2} = 0.5$，$m = 0.3$ を代入し，$50 = 10\log_{10}\left(\dfrac{0.18}{2.09}\right) + \left[\dfrac{S_i}{N_i}\right]$ [dB] より，$\left[\dfrac{S_i}{N_i}\right] = 60.6\,\mathrm{dB}$

（2） 式 (4.24) において，$\overline{x^2} = 0.5$，$m = 5$ を代入。$50 = 10\log_{10}(3 \times 125 \times 1.2) + \left[\dfrac{S_i}{N_i}\right]$ [dB] より，$\left[\dfrac{S_i}{N_i}\right] = 23.5\,\mathrm{dB}$

4.2 カーソン帯域 $B = 2(\Delta f + f_m)$，$f_m = 30\,\mathrm{Hz}$，$\Delta f = 480\,\mathrm{Hz}$ より，$B = 1\,020\,\mathrm{Hz}$。AM 波の場合は $60\,\mathrm{Hz}$ なので，17 倍。

4.3 略

【5 章】

5.1, 5.2 略

5.3 サンプリング周期は $1/44.1\,\mathrm{kHz} = 22.68\,\mathrm{\mu s}$，量子化レベル数は $2^{16} = 65\,536$，再生可能な最大周波数はサンプリング定理より $22.05\,\mathrm{kHz}$，ビットレートは $44.1\,\mathrm{kHz} \times 16\,\mathrm{bit} \times 2 = 1.411\,2\,\mathrm{Mbps}$

5.4 量子化ビット数を 1 増やすと量子化雑音は $1/4$ 倍になる（$= -6\,\mathrm{dB}$，つまり $6\,\mathrm{dB}$ 減少する）から，量子化雑音は $(16\,\mathrm{bit} - 8\,\mathrm{bit}) \times 6\,\mathrm{dB/bit} = 48\,\mathrm{dB}$ 減少する。

5.5 $4\,\mathrm{ksps}$，$6\,\mathrm{kHz}$

5.6 BER を p とすると，ブロックが正しく伝送される確率は $(1-p)^{100}$。よって，$1 - (1-p)^{100} \leqq 0.01$ となる p を求めればよい。$0.99 \leqq (1-p)^{100}$ として両辺のべき乗根を取る。指数部が正だから，べき乗根の関数は単調増加であり，不等号の向きは変わらない。よって，$0.99^{1/100} \leqq 1 - p$。よって，$p \leqq 1 - 0.99^{1/100} = 1.005 \times 10^{-4}$

5.7 $12/2 \times 128 = 768\,\mathrm{kcps}$

【6 章】

6.1, 6.2, 6.4, 6.6 略

6.3 式 (6.1)，(6.3) より

$c_1 = (+1, +1, +1, +1, +1, +1, +1, +1)$,
$c_2 = (+1, -1, +1, -1, +1, -1, +1, -1)$,
$c_3 = (+1, +1, -1, -1, +1, +1, -1, -1)$,
$c_4 = (+1, -1, -1, +1, +1, -1, -1, +1)$,
$c_5 = (+1, +1, +1, +1, -1, -1, -1, -1)$,
$c_6 = (+1, -1, +1, -1, -1, +1, -1, +1)$,
$c_7 = (+1, +1, -1, -1, -1, -1, +1, +1)$,
$c_8 = (+1, -1, -1, +1, -1, +1, +1, -1)$

6.5 $G P_a/P_b$

補足；この問題が意味することは，A局からの受信電力がB局に比べて非常に小さい場合に，受信品質が劣化するということである。これをCDMAの遠近問題という。第3世代携帯電話システムでは，高速な送信電力制御によって受信電力が一定となるように制御している。

【7章】

7.1, 7.2 略

7.3 （1） 図7.9において $a = 60$ 〔erl〕における $B = 0.01$ と 0.001 のグラフを読み取る。呼損率0.01以下の場合は75回線以上，0.001以下の場合は85回線以上必要。

（2） $\lambda = 120$ 〔回/h〕, $t_0 = 90$ 〔s〕 $= 90/3600$ 〔h〕だから，$a = \lambda t_0 = 3$ 〔erl〕

（3） 電話機1台当りの呼量は，$\lambda = 20$ 〔回/h〕, $t_0 = 80$ 〔s〕 $= 80/3600$ 〔h〕だから，$\lambda t_0 = 0.444$ 〔erl〕。電話機は180台あるから，$180 \times 20 \times 80/3600 = 80$ 〔erl〕

（4） 呼数は $1/6$ 〔回/分〕 $= 10$ 〔回/h〕。平均保留時間は 36 〔s〕 $= 1/100$ 〔h〕。よって，$10/100 \times 20 = 2$ 〔erl〕

7.4 （1） 1092〔百万時間〕/350.9〔億回〕$= 0.03112$ 〔h〕$= 112$ 〔s〕

（2） 平成23年度は366日あるので呼数は 350.9〔億回〕/(366×24〔h〕) $= 3995$〔千回/h〕。よって，3995〔千回/h〕$\times 0.03112$〔h〕/1600〔局〕$= 77.7$〔erl〕

7.5 $L = 8$ 〔人〕, $\lambda = 1/2$ 〔人/分〕より，$W = L/\lambda = 16$ 〔分〕

【8章】

8.1 （ア）共通線信号，（イ）加入者，（ウ）中継，（エ）STP/信号中継交換機，（オ）プロトコル

8.2 表8.1参照

8.3 略

【9章】

9.1 式 (9.1) を用いる。波長 $\lambda = 3 \times 10^8 \,[\text{m/s}]/(900 \times 10^6 \,[\text{Hz}]) = 1/3 \,[\text{m}]$, $d = 1\,000 \,[\text{m}]$, $G_r = G_t = 1.64$, $P_t = 2 \,[\text{W}]$ より, $P_r = 1.64^2 \times 2/(12\pi \times 10^3)^2 = 2 \times [1.64/(12\pi)]^2 \times 10^{-6} = 3.78 \times 10^{-9} \,[\text{W}]$

9.2 9.2 節参照

9.3 $c = 3 \times 10^8 \,[\text{m/s}]$, $v = 36 \,[\text{km/h}] = 36\,000 \,[\text{m}/3\,600 \text{ s}] = 10 \,[\text{m/s}]$ より, $f_c = 900 \,[\text{MHz}]$ のとき $f_D = 9 \times 10^8/(3 \times 10^7) = 30 \,[\text{Hz}]$。$f_c = 2 \,[\text{GHz}]$ であれば $f_D = 2 \times 10^9/(3 \times 10^7) = 66.7 \,[\text{Hz}]$

9.4 9.3 節参照

9.5 受信電力 γ が式 (9.4) で確率変動するのだから, 式 (5.11) で与えられる BER の受信電力に関する平均を求めればよい。

$$\int_0^\infty p(\gamma) \frac{1}{2} \exp\left(-\frac{\gamma}{N}\right) d\gamma = \frac{1}{2\Gamma} \int_0^\infty \exp\left[-\left(\frac{1}{N} + \frac{1}{\Gamma}\right)\gamma\right] d\gamma$$
$$= \frac{1}{2(1 + \Gamma/N)}$$

DBPSK 波の遅延検波による BER は, 受信電力が一定の環境では SN 比の指数関数で減少するのだが, レイリー変動を介すると平均 SN 比 (Γ/N) の逆数程度でしか減少しなくなることがわかる。

【10章】

10.1 $38 \times 10^4 \,\text{km}^2 \times 0.5/3 \,\text{km}^2 = 63.3 \times 10^3$。約 6 万 3 000 局。

10.2 10.4 節の位置登録の項を参照。

10.3 移動量が多いエリア A と少ないエリア B の移動局数は同じだから, 位置登録のエリアサイズが同じであれば, 着信呼出しトラヒックは同じ。一方, エリア A は B に比べて位置登録トラヒックが多いのでトータルのトラヒックは A のほうが多い。よって, 位置登録エリアを大きくすることでエリア A の総トラヒックを抑えられる可能性がある。

10.4, 10.5 略

【11章】

11.1 略。ヒント:広域性, 同報性, 耐災害性の三つについて述べること。

11.2 地球の質量を M, 衛星の質量を m とすると, 衛星に働く重力は $F = GMm/(a+h)^2$。円運動する衛星に働く遠心力は $F = mv^2/(a+h)$。ここ

で v は衛星の移動速度で，円運動の周期は T だから $vT = 2\pi(a+h)$ が成り立つ。重力と遠心力は釣り合うから，$GMm/(a+h)^2 = m(2\pi/T)^2(a+h)$。よって，$GM = (2\pi/T)^2(a+h)^3$。$T = 2\pi\sqrt{[(a+h)^3/(GM)]}$。高度が低い（$h$ が小さい）ほど周期 T が短いことがわかる。

静止衛星軌道では $T = 24$ 時間だから
$a + h = \{GM[T/(2\pi)]^2\}^{1/3} = \{6.67408 \times 10^{-11} \times 5.972 \times 10^{24} \times [24 \times 3600/(2\pi)]^2\}^{1/3} \fallingdotseq 42\,240$ km $= 6\,400 + 35\,840$ km となり，高度 $35\,840$ km が得られる。

11.3 解図 11.1 より $d = a - a\cos\theta = a[1 - a/(a+h)] = ah/(a+h)$。ゆえに $S = 2\pi a^2 h/(a+h)$

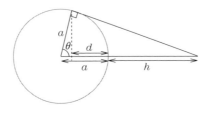

解図 11.1

11.4 略

11.5 $L = (4\pi d/\lambda)^2 = (4\pi df/c)^2 = 20\log(4\pi df/c)$ 〔dB〕，$\tau = 2d/c$ から計算する。ここで，$c = 3 \times 10^8$ m/s。**解表 11.1** 参照。

解表 11.1

f \ d	800 km		40 000 km	
4 GHz	$L = \boxed{162.5\text{ dB}}$	$\tau = \boxed{5.3\text{ ms}}$	$L = \boxed{196.5\text{ dB}}$	$\tau = \boxed{267\text{ ms}}$
1.4 GHz	$L = \boxed{153.4\text{ dB}}$	$\tau = \boxed{5.3\text{ ms}}$	$L = \boxed{187.4\text{ dB}}$	$\tau = \boxed{267\text{ ms}}$

【12 章】

12.1 基準位相信号を含む FM 波のカーソン帯域は $2 \times (480 + 30) = 1\,020$ Hz。副搬送波 9.96 kHz を振幅変調すると，占有帯域は $2 \times 9.96 = 19.92$ kHz。よって，$19.92 + 1.02 = 20.94$ kHz。**解図 12.1** 参照。

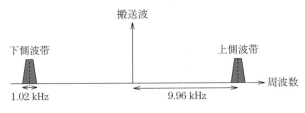

解図 12.1

12.2 $(150 - 50) \times 10^{-6}$ [s] $\times 3 \times 10^8$ [m/s]$/2 = 1.5 \times 10^4$ [m] $= 15$ [km]

12.3 変調度を m，搬送波のレベルを 1 とすると，側波レベルは $m/2$ なので，90 Hz の変調度は 0.22，150 Hz の変調度は 0.16。よって，変調度の差は 0.06。

12.4, 12.5 略

索　引

【あ】

アクセス網　109, 110
アーラン　99
　　──の損失式　101
　　──の同時接続確率式　101
アーランB式　101
アンテナダイバシチ　126

【い】

位相変調　38
位置登録　138
位置登録エリア　138
位置登録要求　139
一様分布　25
移動局　136
インタロゲータ　166
インテルサット　159
インパルス　18
インパルス応答　19
インマルサット　159

【う】

ウォルシュ-アダマール符号　82
宇宙局　151
腕木通信　1

【え】

衛星航法　163
エネルギースペクトル密度　16
円軌道　152

【お】

遠地点　152

【お】

オイラーの公式　13
オムニセル　150

【か】

回線交換方式　93
階層型　97
ガウス分布　25
拡散符号　74
拡散率　74
角度変調　43
確率変数　23
確率密度関数　23
カージオイド型　165, 166
カーソン帯域　43
カッドケーブル　111
ガードバンド　79
稼働率　8
加入者交換機　110, 136
加入者パケット交換機　144
可変位相信号　165
完全線群　94
関門交換機　137

【き】

基準位相信号　165
期待値　23
基地局　136
基地局間距離　147
軌道傾斜角　152
基本周波数　13
逆拡散　75

【き】

狭帯域周波数変調　43
共通線信号網　95, 113
共通チャネル　137
共用器　77
距離減衰　120
距離変動　120
近地点　152

【く】

空間ダイバシチ　126
空間分割型　94
国番号　3, 113
グライド パス　168
グレイコード　58
クロージャ　111
グローバルビーム　157

【け】

ゲートウェイ　144
ケンドールの記号　102

【こ】

呼　98
コア網　109, 110
交　換　7
交換線群　93
広帯域周波数変調　43
広帯域利得　51
後方保護　81
国際民間航空機関　168
誤差補関数　25
故障率　8
コース ライン　169
呼　損　93

呼損率	99	周波数スペクトル密度	15	責任分界点	137
コネクション型	97	周波数選択性	126	セクタ	150
コネクションレス型	97	周波数ダイバシチ	90, 126	セクタアンテナ	150
コヒーレンス帯域幅	124	周波数分割多元接続	79	セクタ化	150
個別チャネル	137	周波数分割多重	78	絶対利得	119
呼　量	99	周波数分割複信	77	セ　ル	108, 136
		周波数変調	38	セルエッジ	147
【さ】		周波数弁別器	46	セル端	147
在圏基地局	148	周波数ホッピング	72	セル半径	147
在圏セル	148	終了率	99	セルラシステム	136
最大位相偏移	43	瞬時変動	120	ゼロモーメンタム方式	158
最大周波数偏移	40	順序制御	98	線スペクトル	14
最大ドップラー周波数	123	衝突回避型 CSMA	91	選択合成	126
最大比合成	126	衝突検知型 CSMA	91	全二重	8
雑音指数	30	情報源符号化	6	前方保護	81
差動符号化	69	処理利得	75	占有帯域幅	40
サブキャリア	84	自律分散方式	79		
三軸安定方式	158	シングルスピン方式	158	【そ】	
サンプリング	54	信号中継交換機	113	双曲線航法	163
サンプリング周期	54	信号点配置	61	相互接続点	137
サンプリング周波数	54	信号波	37	即時式	93
サンプリング定理	55	振幅変調	38	ソフトハンドオフ	141
サンプル値	55	シンボル誤り率	70		
		シンボル長	59	【た】	
【し】		シンボルレート	59	帯域通過フィルタ	79
時間ダイバシチ	126			帯域伝送方式	57
自己相関関数	26	【す】		待時式	93
指数分布	25	スター型	96	対数正規分布	121
実効放射電力	155	スタティック ルーチング		ダイナミック ルーチング	
実効面積	119		97		97
ジッタ	96	スピン安定方式	158	ダイバシチ技術	126
時分割型	94	スペクトル拡散	72	ダイヤルトーン	115
時分割多元接続	79	スポットビーム	157	楕円軌道	152
時分割多重	78	スレッショルド効果	51	畳込み積分	19
時分割複信	77			多値変調方式	62
シャドィング減衰	120	【せ】		短区間変動	120
周回軌道	151	生起率	99	単　信	8
周期性信号	12	整合フィルタ	67	端末アシスト型ハンドオフ	
自由空間	119	静止軌道	151		141
自由空間伝搬損失	119	世界無線会議	154		
集中制御方式	79	積滞解消	106		

【ち】

遅延検波	69
遅延スプレッド	123
遅延プロファイル	123
地球局	151
蓄積交換	96
チップ	74
チップ長	74
チップレート	74
着呼	98
チャレンジ レスポンス	144
チャレンジ レスポンス認証	143
中継交換機	110, 137
中継パケット交換機	144
長区間変動	120
直接拡散	72
直交周波数分割多元接続	79
直交周波数分割多重	78
直交条件	60
直交性	13
直交符号	75

【つ】

通信規約	109
ツリー型	97

【て】

低域通過フィルタ	56
ディエンファシス	52
デシベル	33
デュアルスピン方式	158
デルタ関数	11, 16
伝送	7
伝送路符号化	6
天測航法	163
電波航法	163
電波の窓	153
天文航法	163
電離層	153

【と】

等価雑音温度	32
同期検波	44, 66
等方性	119
等利得合成	126
トランスポンダ	167
トレードオフ	97

【な】

ナイキストの第1基準	65
ナイキスト フィルタ	65

【に】

二乗検波	44
二乗余弦フィルタ	65
認証	136
認証鍵	143
認証センタ	143

【ね】

熱雑音	25, 28
ネットワークトポロジー	96
ネットワークの物理構成	111

【の, は】

ノード	96
バイアスモーメンタム方式	158
ハイブリッド測位	174
白色ガウス雑音	29
白色性	29
パケット	95
パケット交換方式	93
パケット損失	96
パケットロス	96
パーシバルの定理	16
バス型	97
バス機器	156
パスダイバシチ	126, 129

旗振り通信	2
発呼	98
ハードハンドオフ	141
パルス符号化変調	57
搬送波	37
搬送波周波数	38
搬送波電力対雑音電力比	154
ハンドオーバ	141
ハンドオフ	136, 141
半二重	8

【ひ】

ビジートーン	117
非周期信号	12
ビット誤り率	70
秘匿鍵	144
被変調信号	38
標準偏差	24
標本化	54
標本化周期	54
標本化周波数	54
標本化定理	55
標本値	55

【ふ】

フィンガ	129
不完全線群	94
複信	8
輻輳	98
復調	37
副搬送波	84
符号分割多元接続	79
符号分割多重	78
フーリエ級数展開	11
フーリエ変換	11
プリエンファシス	52
フリスの伝達公式	119
フルメッシュ型	97
フレーム	81
フレームリレー	107

索引   189

フロー制御	96	
ブロードキャスト	8	
プロトコル	109	
分散	23	

【へ】

ペア	144
平均	23
ベストエフォト型	96
ベースバンド方式	57
ヘッダ	95
変調	37
変調指数	38, 41
変調信号	37
変調シンボル	59
変調多値数	60
変調度	38
変調波	37

【ほ】

ポアソン分布	25, 99
放送	5
包絡線検波	44
ホッピング シーケンス	73
ホッピング パタン	73
保留時間	99
ボルツマン定数	29
ボーレート	59

【ま】

マーカ	168
待ち行列理論	101
マッピング規則	62
マルチキャスト	8
マルチパス伝送路	122
マルチパス歪み	124
マルチビーム	157
マルチビーム衛星	157

【み，む】

ミッション機器	156

無線ネットワーク制御装置	136
無変調波	155

【め，も】

メッシュ型	96
モデム	37

【ゆ】

有限エネルギー信号	12
有限電力信号	12
有効シンボル長	132
ユニキャスト	8

【よ，ら】

余弦フィルタ	68
ランダムアクセス型チャネル	138

【り】

リソース	143
リトルの公式	102
リユース ファクタ	148
量子化	55
量子化誤差	55
量子化雑音	25, 55
量子化雑音電力	55
量子化ビット数	55
量子化レベル数	55
利用率	102
リンク	96
リング型	97
リングバックトーン	117
リング変調器	45

【る】

累積分布関数	23
ルーチング	97
ルート ナイキスト フィルタ	68

【れ】

レイリーフェージング	122
レイリー分布	25
レイリー変動	122
レベルダイアグラム	35

【ろ】

ローカライザ	168
ロラン	163
ロールオフ特性	65
ロールオフ率	65

【数字】

2 ASK	60
2 FSK	60
8 PSK	62
16 APSK	62
16 QAM	62

【A】

A-D 変換	53
ADSL	112
AM	38
APN	144
ATM	107
AuC	143

【B】

BER	70
BPF	79
BPSK	60
break before make	141
BS	136

【C】

carrier	37
CDE コード	140
CDF	23
CDM	78
CDMA	79

C/N	154	**[I]**		PHM	112		
CP	131			PM	38		
CP 除去	133	ICAO	168	PN 符号	75		
CPFSK	60	ICO	152	POI	137		
CR	144	ILS	168	**[R]**			
CSMA/CA	91	IP	109				
CSMA/CD	91	*IQ* 平面	61	Rake 受信	129		
CW	155	ISD	147	RNC	136		
cyclic prefix	131	ISDN	5, 106	RZ	58		
		ISM	112	**[S]**			
[D]		**[L]**					
D-A 変換	53			SER	70		
dB	33	LAC	138	SGSN	144		
DME	165	LEO	152	signal signature	175		
DS	72	LOS	120	SIM	143		
DSU	112	LPF	56	sinc 関数	17		
duplexer	77	LS	110	SN 比	48		
				STM	107		
[E]		**[M]**		STP	113		
E.164	113	M2M	7	**[T]**			
eirp	155	MAC アドレス	175				
		MAHO	141	TA	112		
[F]		make before break	142	TACAN	165		
FDD	77	MS	136	TDD	77		
FDM	78	MSK	61	TDM	78		
FDMA	79	MTBF	8	TDMA	79		
FH	72	MTTR	8	TS	110		
finger print	175	**[N]**		**[U]**			
FM	38						
		NLOS	120	UIM	143		
[G]		NNSS	170	UNI	106		
GEO	151	NRZ	58	**[V]**			
GGSN	144	**[O]**					
GPS	171			VLR	136		
GS	137	OFDM	78	VOR	165		
GW	144	OFDMA	79	**[W, X]**			
[H]		**[P]**		Walsh 符号	82		
H2H	7	PCM	57	WRC	154		
HLR	136	PCM24	80	X.25	106		
		PDF	23				

―― 著者略歴 ――

1987年 東北大学工学部電気工学科卒業
1989年 東北大学大学院工学研究科博士前期課程修了
　　　 （電気及び通信工学専攻）
1989年 国際電信電話株式会社（現 KDDI 株式会社）入社
2005年 博士（工学）（東北大学）
2011年 東北学院大学教授
　　　 現在に至る

通信システム工学
Communication Systems Engineering　　　　　　　　ⓒ Toshinori Suzuki　2017

2017年 1月 6日 初版第1刷発行　　　　　　　　　　　　　　　　★
2021年12月20日 初版第3刷発行

検印省略	著　者	鈴　木　利　則
	発行者	株式会社　コロナ社
		代表者　牛来真也
	印刷所	三美印刷株式会社
	製本所	有限会社　愛千製本所

112-0011 東京都文京区千石 4-46-10
発行所　株式会社　コロナ社
CORONA PUBLISHING CO., LTD.
Tokyo Japan
振替 00140-8-14844・電話(03)3941-3131(代)
ホームページ　https://www.coronasha.co.jp

ISBN 978-4-339-00893-7　C3055　Printed in Japan　　　　　　　（新井）

　ⒿCOPY　<出版者著作権管理機構　委託出版物>
本書の無断複製は著作権法上での例外を除き禁じられています。複製される場合は，そのつど事前に，
出版者著作権管理機構（電話 03-5244-5088，FAX 03-5244-5089，e-mail: info@jcopy.or.jp）の許諾を
得てください。

本書のコピー，スキャン，デジタル化等の無断複製・転載は著作権法上での例外を除き禁じられています。
購入者以外の第三者による本書の電子データ化及び電子書籍化は，いかなる場合も認めていません。
落丁・乱丁はお取替えいたします。

電気・電子系教科書シリーズ

(各巻A5判)

- ■編集委員長　高橋　寛
- ■幹　　　事　湯田幸八
- ■編集委員　　江間　敏・竹下鉄夫・多田泰芳
- 　　　　　　　中澤達夫・西山明彦

	配本順		著者	頁	本体
1.	(16回)	電気基礎	柴田尚志・皆藤新芳・多田泰志 共著	252	3000円
2.	(14回)	電磁気学	多田泰芳・柴田尚志 共著	304	3600円
3.	(21回)	電気回路Ⅰ	柴田尚志 著	248	3000円
4.	(3回)	電気回路Ⅱ	遠藤　勲・鈴木靖 編著	208	2600円
5.	(29回)	電気・電子計測工学(改訂版) ―新SI対応―	吉澤昌純・降矢典雄・福田恵子・吉崎和巳・高村和彦 共著	222	2800円
6.	(8回)	制御工学	下西　二・奥山鎮・青木立幸 共著	216	2600円
7.	(18回)	ディジタル制御	西堀俊幸 著	202	2500円
8.	(25回)	ロボット工学	白水俊次 著	240	3000円
9.	(1回)	電子工学基礎	中澤達夫・藤原勝幸 共著	174	2200円
10.	(6回)	半導体工学	渡辺英夫 著	160	2000円
11.	(15回)	電気・電子材料	中澤・押田・森田・須田・服部 共著	208	2500円
12.	(13回)	電子回路	土田英一・伊原充弘・若海昌二 共著	238	2800円
13.	(2回)	ディジタル回路	吉室博夫・賀戸純・山下巌 共著	240	2800円
14.	(11回)	情報リテラシー入門	山下幸 著	176	2200円
15.	(19回)	C++プログラミング入門	湯田幸八 著	256	2800円
16.	(22回)	マイクロコンピュータ制御プログラミング入門	柚賀正光・千代谷慶 共著	244	3000円
17.	(17回)	計算機システム(改訂版)	春日健・舘泉雄治 共著	240	2800円
18.	(10回)	アルゴリズムとデータ構造	湯田幸八・伊原充博 共著	252	3000円
19.	(7回)	電気機器工学	前田勉・新谷邦弘 共著	222	2700円
20.	(31回)	パワーエレクトロニクス(改訂版)	江間敏・高橋勲 共著	232	2600円
21.	(28回)	電力工学(改訂版)	甲斐隆章・三間章彦 共著	296	3000円
22.	(30回)	情報理論(改訂版)	吉川英機 共著	214	2600円
23.	(26回)	通信工学	竹下鉄夫・吉川英機 共著	198	2500円
24.	(24回)	電波工学	松田豊稔・宮田克正・南部幸久 共著	238	2800円
25.	(23回)	情報通信システム(改訂版)	岡田裕・桑原裕史 共著	206	2500円
26.	(20回)	高電圧工学	植松松・松原孝夫・箕田唯志 共著	216	2800円

定価は本体価格+税です。
定価は変更されることがありますのでご了承下さい。

◆図書目録進呈◆

コンピュータサイエンス教科書シリーズ

(各巻A5判，欠番は品切または未発行です)

■編集委員長　曽和将容
■編集委員　岩田　彰・富田悦次

配本順		著者	頁	本体
1.（8回）	情報リテラシー	立花康夫／曽和将容／春日秀雄 共著	234	2800円
2.（15回）	データ構造とアルゴリズム	伊藤大雄 著	228	2800円
4.（7回）	プログラミング言語論	大山口通夫／五味弘 共著	238	2900円
5.（14回）	論理回路	曽和将容／範公可 共著	174	2500円
6.（1回）	コンピュータアーキテクチャ	曽和将容 著	232	2800円
7.（9回）	オペレーティングシステム	大澤範高 著	240	2900円
8.（3回）	コンパイラ	中田育男 監修／中井央 著	206	2500円
10.（13回）	インターネット	加藤聰彦 著	240	3000円
11.（17回）	改訂 ディジタル通信	岩波保則 著	240	2900円
12.（16回）	人工知能原理	加納政雄／山田芳之／遠藤守 共著	232	2900円
13.（10回）	ディジタルシグナルプロセッシング	岩田彰 編著	190	2500円
15.（2回）	離散数学 ―CD-ROM付―	牛島和夫 編著／相利民／朝廣雄一 共著	224	3000円
16.（5回）	計算論	小林孝次郎 著	214	2600円
18.（11回）	数理論理学	古川康一／向井国昭 共著	234	2800円
19.（6回）	数理計画法	加藤直樹 著	232	2800円

定価は本体価格+税です。
定価は変更されることがありますのでご了承下さい。

図書目録進呈◆

電子情報通信レクチャーシリーズ

(各巻B5判,欠番は品切または未発行です)

■電子情報通信学会編

共通

記号	配本順	書名	著者	頁	本体
A-1	(第30回)	電子情報通信と産業	西村吉雄著	272	4700円
A-2	(第14回)	電子情報通信技術史 —おもに日本を中心としたマイルストーン—	「技術と歴史」研究会編	276	4700円
A-3	(第26回)	情報社会・セキュリティ・倫理	辻井重男著	172	3000円
A-5	(第6回)	情報リテラシーとプレゼンテーション	青木由直著	216	3400円
A-6	(第29回)	コンピュータの基礎	村岡洋一著	160	2800円
A-7	(第19回)	情報通信ネットワーク	水澤純一著	192	3000円
A-9	(第38回)	電子物性とデバイス	益川一哉・天川修平共著	244	4200円

基礎

記号	配本順	書名	著者	頁	本体
B-5	(第33回)	論理回路	安浦寛人著	140	2400円
B-6	(第9回)	オートマトン・言語と計算理論	岩間一雄著	186	3000円
B-7	(第40回)	コンピュータプログラミング	富樫敦著		近刊
B-8	(第35回)	データ構造とアルゴリズム	岩沼宏治他著	208	3300円
B-9	(第36回)	ネットワーク工学	田中村野敬裕介・仙石正和共著	156	2700円
B-10	(第1回)	電磁気学	後藤尚久著	186	2900円
B-11	(第20回)	基礎電子物性工学 —量子力学の基本と応用—	阿部正紀著	154	2700円
B-12	(第4回)	波動解析基礎	小柴正則著	162	2600円
B-13	(第2回)	電磁気計測	岩﨑俊著	182	2900円

基盤

記号	配本順	書名	著者	頁	本体
C-1	(第13回)	情報・符号・暗号の理論	今井秀樹著	220	3500円
C-3	(第25回)	電子回路	関根慶太郎著	190	3300円
C-4	(第21回)	数理計画法	山下信雄・福島雅夫共著	192	3000円

配本順				頁	本体
C-6	(第17回)	インターネット工学	後藤滋樹 外山勝保 共著	162	2800円
C-7	(第3回)	画像・メディア工学	吹抜敬彦著	182	2900円
C-8	(第32回)	音声・言語処理	広瀬啓吉著	140	2400円
C-9	(第11回)	コンピュータアーキテクチャ	坂井修一著	158	2700円
C-13	(第31回)	集積回路設計	浅田邦博著	208	3600円
C-14	(第27回)	電子デバイス	和保孝夫著	198	3200円
C-15	(第8回)	光・電磁波工学	鹿子嶋憲一著	200	3300円
C-16	(第28回)	電子物性工学	奥村次徳著	160	2800円

展開

D-3	(第22回)	非線形理論	香田徹著	208	3600円
D-5	(第23回)	モバイルコミュニケーション	中川正雄 大槻知明 共著	176	3000円
D-8	(第12回)	現代暗号の基礎数理	黒澤馨 尾形わかは 共著	198	3100円
D-11	(第18回)	結像光学の基礎	本田捷夫著	174	3000円
D-14	(第5回)	並列分散処理	谷口秀夫著	148	2300円
D-15	(第37回)	電波システム工学	唐沢好男 藤井威生 共著	228	3900円
D-16	(第39回)	電磁環境工学	徳田正満著	206	3600円
D-17	(第16回)	VLSI工学 —基礎・設計編—	岩田穆著	182	3100円
D-18	(第10回)	超高速エレクトロニクス	中村徹 三島友義 共著	158	2600円
D-23	(第24回)	バイオ情報学 —パーソナルゲノム解析から生体シミュレーションまで—	小長谷明彦著	172	3000円
D-24	(第7回)	脳工学	武田常広著	240	3800円
D-25	(第34回)	福祉工学の基礎	伊福部達著	236	4100円
D-27	(第15回)	VLSI工学 —製造プロセス編—	角南英夫著	204	3300円

定価は本体価格+税です。
定価は変更されることがありますのでご了承下さい。

図書目録進呈◆

情報ネットワーク科学シリーズ

(各巻A5判)

コロナ社創立90周年記念出版 〔創立1927年〕

- ■電子情報通信学会 監修
- ■編集委員長　村田正幸
- ■編集委員　会田雅樹・成瀬　誠・長谷川幹雄

本シリーズは，従来の情報ネットワーク分野における学術基盤では取り扱うことが困難な諸問題，すなわち，大量で多様な端末の収容，ネットワークの大規模化・多様化・複雑化・モバイル化・仮想化，省エネルギーに代表される環境調和性能を含めた物理世界とネットワーク世界の調和，安全性・信頼性の確保などの問題を克服し，今後の情報ネットワークのますますの発展を支えるための学術基盤としての「情報ネットワーク科学」の体系化を目指すものである。

シリーズ構成

配本順		著者	頁	本体
1.（1回）	情報ネットワーク科学入門	村田正幸・成瀬誠 編著	230	3000円
2.（4回）	情報ネットワークの数理と最適化 ―性能や信頼性を高めるためのデータ構造とアルゴリズム―	巳波弘佳・井上武 共著	200	2600円
3.（2回）	情報ネットワークの分散制御と階層構造	会田雅樹 著	230	3000円
4.（5回）	ネットワーク・カオス ―非線形ダイナミクス，複雑系と情報ネットワーク―	中尾裕也・長谷川幹雄・合原一幸 共著	262	3400円
5.（3回）	生命のしくみに学ぶ 情報ネットワーク設計・制御	若宮直紀・荒川伸一 共著	166	2200円

定価は本体価格+税です。
定価は変更されることがありますのでご了承下さい。

図書目録進呈◆